上海市高等教育学会设计

U0457278

服饰配件设计

白璐　白洋　凌子馨　编著

中国电力出版社
CHINA ELECTRIC POWER PRESS

内容提要

作为服装与服饰设计专业的重要核心课程教材，本书旨在培养学生的设计思维和实践技能，以适应行业发展的需求。本书以实际工作岗位技能培养为目标，以项目设计工作流程为主线，以典型设计任务为载体，结合数字化的教学新形态，全面展现服饰配件设计的理论与实践。

本书分为四部分。第一部分介绍服饰配件设计的基本概念、艺术演变和设计基础，为学生打下坚实的理论基础；第二部分重点讲解服饰配件设计的实践技能，包括构思、材料选择、工艺制作等关键环节，帮助学生将理论知识转化为实践能力；第三部分通过实际项目案例解析，将理论与实践相结合，让学生更深入地理解服饰配件设计的实际应用；第四部分通过设计数字化解析，帮助学生了解当下数字化设计的工具、制造流程、供应链管理等。

本书每章后附"本章总结、课后作业、思考拓展、课程资源链接"内容，课程资源链接中包括课件、视频、图片等资料。本书适合作为高等职业院校和应用型本科院校的专业教材，以及专业设计人员的参考用书。

图书在版编目（CIP）数据

服饰配件设计 / 白璐，白洋，凌子馨编著. — 北京：
中国电力出版社，2024.7
高等职业院校设计学科新形态系列教材
ISBN 978-7-5198-8876-3

Ⅰ.①服… Ⅱ.①白… ②白… ③凌… Ⅲ.①服饰—
配件—设计—高等职业教育—教材 Ⅳ.① TS941.3

中国国家版本馆 CIP 数据核字（2024）第 086766 号

出版发行：中国电力出版社
地　　址：北京市东城区北京站西街 19 号（邮政编码 100005）
网　　址：http://www.cepp.sgcc.com.cn
责任编辑：王　倩（010-63412607）
责任校对：黄　蓓　张晨荻
书籍设计：锋尚设计
责任印制：杨晓东

印　　刷：北京瑞禾彩色印刷有限公司
版　　次：2024 年 7 月第一版
印　　次：2024 年 7 月北京第一次印刷
开　　本：787 毫米 ×1092 毫米 16 开本
印　　张：8.25
字　　数：243 千字
定　　价：58.00 元

序一

　　党的二十大报告对加快实施创新驱动发展战略作出重要部署，强调"坚持面向世界科技前沿、面向经济主战场、面向国家重大需求，面向人民生命健康，加快实现高水平科技自立自强"。

　　高校作为战略科技力量的聚集地、青年科技创新人才的培养地、区域发展的创新源头和动力引擎，面对新形势、新任务、新要求，不断加强与企业间的合作交流，持续加大科技融合、交流共享的力度，形成了鲜明的办学特色，在助推产学研协同等方面取得了良好成效。近年来，职业教育教材建设滞后于职业教育前进的步伐，仍存在重理论轻实践的现象。

　　与此同时，设计教育正向智慧教育阶段转型，人工智能、互联网、大数据、虚拟现实（AR）等新兴技术越来越多地应用到职业教育中。这些技术为教学提供了更多的工具和资源，使得学习方式更加多样化和个性化。然而，随之而来的教学模式、教师角色等新挑战会越来越多。如何培养创新能力和适应能力的人才成为职业教育需要考虑的问题，职业教育教材如何体现融媒体、智能化、交互性也成为高校老师研究的范畴。

　　在设计教育的变革中，设计的"边界"是设计界一直在探讨的话题。设计的"边界"在新技术的发展下，变得越来越模糊，重要的不是画地为牢，而是通过对"边界"的描述，寻求设计更多、更大的可能性。打破"边界"感，发展学科交叉对设计教育、教学和教材的发展提出了新的要求。这使具有学科交叉特色的教材呼之欲出，教材变革首当其冲。

基于此，上海市高等教育学会设计教育专业委员会组织上海应用类大学和职业类大学的教师们，率先进入了新形态教材的编写试验阶段。他们融入校企合作，打破设计边界，呈现数字化教学，力求为"产教融合、科教融汇"的教育发展趋势助力。不管在当下还是未来，希望这套教材都能在新时代设计教育的人才培养中不断探索，并随艺术教育的时代变革，不断调整与完善。

同济大学长聘教授、博士生导师
全国设计专业学位研究生教育指导委员会秘书长
教育部工业设计专业教学指导委员会委员
教育部本科教学评估专家
中国高等教育学会设计教育专业委员会常务理事
上海市高等教育学会设计教育专业委员会主任

2023年10月

序二

人工智能、大数据、互联网、元宇宙……当今世界的快速变化给设计教育带来了机会和挑战，以及无限的发展可能性。设计教育正在密切围绕着全球化、信息化不断发展，设计教育将更加开放，学科交叉和专业融合的趋势也将更加明显。目前，中国当代设计学科及设计教育体系整体上仍处于自我调整和寻找方向的过程中。就国内外的发展形势而言，如何评价设计教育的影响力，设计教育与社会经济发展的总体匹配关系如何，是设计教育的价值和意义所在。

设计教育的内涵建设在任何时候都是设计教育的重要组成部分。基于不断变化的一线城市的设计实践、设计教学，以及教材市场的优化需求，上海市高等教育学会设计教育专业委员会组织上海高校的专家策划了这套设计学科教材，并列为"上海市高等教育学会设计教育专业委员会'十四五'规划教材"。

上海高等院校云集，据相关数据统计，目前上海设有设计类专业的院校达60多所，其中应用技术类院校有40多所。面对设计市场和设计教学的快速发展，设计专业的内涵建设需要不断深入，设计学科的教材编写需要与时俱进，需要用前瞻性的教学视野和设计素材构建教材模型，使专业设计教材更具有创新性、规范性、系统性和全面性。

本套教材初次出版计划共30册，适用于设计领域的主要课程，包括设计基础课程和专业设计课程。专家组针对教材定位、读者对象，策划了专用的结构，分为四大模块：设计理论、设计实践、项目解析、数字化资源。这是一种全新的思路、全新的模式，也是由高校领导、企业骨干，以及教材编写者共同协商，经专家多次论证、协调审核后确定的。教材内容以满足应用型和职业型院校设计类专业的教学特点为目的，整体结构和内容构架按照四大模块的格式与要求来编写。"四大模块"将理论与实践结合，操作性强，兼顾传统专业知识与新技术、新方法，内容丰富全面，教授方式科学新颖。书中结合经典的教学案例和创新性的教学内容，图片案例来自国内外优秀、经典的设计公司实例和学生课程实践中的优秀作品，所选典型案例均经过悉心筛选，对于丰富教学案例具有示范性意义。

本套教材的作者是来自上海多所高校设计类专业的骨干教师。上海众多设计院校师资雄厚，使优选优质教师编写优质教材成为可能。这些教师具有丰富的教学与实践经验，上海国际大都市的背景为他们提供了大量的实践机会和丰富且优质的设计案例。同时，他们的学科背景交叉，遍及理工、设计、相关文科等。从包豪斯到乌尔姆到当下中国的院校，设计学作为交叉学科，使得设计的内涵与外延不断拓展。作者团队的背景交叉更符合设计学科的本质要求，也使教材的内容更能达到设计类教材应该具有的艺术与技术兼具的要求。

希望这套教材能够丰富我国应用型高校与职业院校的设计教学教材资源，也希望这套书在数字化建设方面的尝试，为广大师生在教材使用中提供更多价值。教材编写中的新尝试可能存在不足，期待同行的批评和帮助，也期待在实践的检验中，不断优化与完善。

丛书主编

2023年10月

前言

在服饰文化的长河中，服饰配件作为点缀与提升服装整体美感的重要元素，始终扮演着不可或缺的角色。它们或简约大方，或华丽繁复，以独特的形态和色彩，为人们的穿着增添了一抹亮色。因此，对于服装设计师和爱好者来说，掌握服饰配件设计的基本知识和技能显得尤为重要。

本书通过深入浅出的讲解和丰富的实例分析，帮助读者了解服饰配件设计的概念、艺术演变、设计基础以及设计方法，掌握服饰配件设计的核心要素和技巧。

在本书的编写过程中，我们注重理论与实践的结合，既介绍了服饰配件设计的基本理论，又提供了大量的设计实例和案例分析，使读者能够在学习中不断积累实践经验。同时，我们也注重培养学生的创新思维和审美能力，通过引导学生关注时尚潮流、探索设计灵感、培养设计思维等方式，激发他们的创造力和想象力。

本书共分四部分，第一部分主要介绍服饰配件设计的基本概念、艺术演变和设计基础；第二部分详细讲解了服饰配件设计的方法，包括灵感来源、构思方法、美学规律及色彩运用、创意思维培养等方面；第三部分对服饰配件的分类设计进行了深入探讨，包括帽子、包袋、鞋子等常见服饰配件的设计要点和历史演变。第四部分通过设计数字化解析，帮助学生了解当下数字化设计的工具、制造流程、供应链管理等。

通过本书，希望帮助读者更好地理解和掌握服饰配件设计的精髓，提升他们的设计水平和审美能力。同时，我们也期待读者能够在学习的过程中不断探索和创新，为服饰文化的繁荣发展贡献自己的力量。

最后，感谢所有为本书编写付出辛勤努力的同仁们，我们期待与您一同在服饰配件设计的道路上不断探索、前行。

编者

2024年5月

目 录

序一
序二
前言

第一部分
设计理论

第一章　服饰配件设计概述 / 002
第一节　服饰配件设计概念 / 002
第二节　服饰配件的艺术演变 / 004
第三节　服饰配件的设计基础 / 008

本章总结 / 课后作业 / 思考拓展 / 课程资源链接

第二部分
设计实践

第二章　服饰配件设计方法 / 014
第一节　服饰配件设计灵感源 / 014
第二节　服饰配件设计构思方法 / 016
第三节　服饰配件设计美学规律及色彩运用 / 018
第四节　服饰配件设计创意思维培养 / 021

本章总结 / 课后作业 / 思考拓展 / 课程资源链接

第三章　服饰配件分类设计 / 024
第一节　帽子、包袋、鞋子等服饰配件的分类 / 024
第二节　包袋、鞋子服饰配件的历史 / 032
第三节　包袋、鞋子等其他服饰配件设计 / 036

本章总结 / 课后作业 / 思考拓展 / 课程资源链接

第四章 服饰配件的设计实践 / 063

第一节 服饰配件设计实践的基本材料 / 063
第二节 服饰配件设计实践的基本工艺 / 064
第三节 服饰配件设计创新型实现方法 / 065

本章总结 / 课后作业 / 思考拓展 / 课程资源链接

第三部分
项目解析

第五章 项目一 丝巾设计项目 / 070

"蝶变"主题丝巾及文创产品设计项目 / 070

任务一 项目分析与调研 / 071
任务二 设计元素的表现 / 073
任务三 计算机辅助纹样色彩设计 / 075
任务四 应用效果图设计 / 078
任务五 丝巾纹样在文创产品中的设计 / 080

本章总结 / 课后作业 / 思考拓展 / 课程资源链接

第六章 项目二 包袋设计项目 / 085

以"时光之简"为主题的女士手提包设计项目 / 085

任务一 项目分析与调研 / 085
任务二 包袋的设计表现 / 087
任务三 应用效果图设计 / 089

本章总结 / 课后作业 / 思考拓展 / 课程资源链接

第七章 项目三 鞋子设计项目 / 092

以"马蹄踏香"为主题的马丁靴设计项目 / 092

任务一 鞋子的设计表现 / 095
任务二 应用效果图设计 / 098

本章总结 / 课后作业 / 思考拓展 / 课程资源链接

第八章　项目四 帽子设计项目 / 101

以"炫酷"为主题的红色鸭舌帽设计项目 / 101

任务一　项目分析 / 103

任务二　帽子的设计表现 / 105

任务三　应用效果图设计 / 106

本章总结 / 课后作业 / 思考拓展 / 课程资源链接

第四部分
设计数字化

第九章　服饰配件设计数字化理论 / 110

本章总结 / 课后作业 / 思考拓展 / 课程资源链接

参考文献 / 116

第一部分

设计理论

第一章　服饰配件设计概述

第一节　服饰配件设计概念

1. 服饰配件的定义

服饰配件，也称为服装配饰或服装配件，指除服装主体部分（如上装、下装、裙装等）以外的，所有附加在人体上的装饰物的总称。它包括首饰、领饰、包袋、帽子、腰饰、臂饰、鞋袜、手套、伞、扇、眼镜等物品，也包括肤体装饰。在现代着装中，服饰配件的范围还包括打火机、手表等随身使用的物品。

服饰配件可分为实用性服饰配件和装饰性服饰配件两大类。实用性服饰配件，如鞋、帽、袜、手套、腰带、箱包、围巾、眼镜等，具有实用功能，同时也有装饰性。而装饰性服饰配件，如项链、手镯、头饰、胸针、耳环等，则主要是为了装饰效果。

服饰配件是实用性与装饰性相结合的日常用品，与服装相比，更加突出其装饰性能，是以人体为基础的造型艺术。在服装制作及加工过程中，服饰配件也可以作为衬托、修饰和补缀服装的材料，如纽扣和拉链等。

2. 服饰配件的作用

服饰配件可以起到装饰的作用。首先，服饰配件系统是奢侈品牌非常重要的市场，路易威登（Louis Vuitton）的配饰系列是奢侈品牌中最成功的案例之一。该品牌的配饰系列包括手袋、皮带、鞋子、围巾等，这些配饰不仅具有实用性，还能为整体造型增添奢华感和时尚感。因此，路易威登的配饰系列在市场上非常受欢迎，成为该品牌最重要的利润来源之一；其次，服饰配件系统对设计风格有完善作用，配饰可以在整体造型中增加层次感，使设计更加丰富多样。配饰也可以帮助设计师强调主题或风格；最后，夸张精致的配件成为动态表演的亮点。路易威登2023女装时装发布会中建筑风格的手提包，夸张精致的配件往往具有独特的造型和设计，能够吸引人们的注意力，在动态表演中，这些夸张精致的配件可以成为焦点，使整个表演更加生动有趣。（图1-1）。

3. 服饰配件的种类

常见的服饰配件种类，包括首饰类、帽子类、眼镜类、围巾类、手套类、腰带类、鞋子类等。

图1-1 路易威登2023冬女装秀

（1）首饰类：包括项链、手链、戒指、耳环等。它们可以用来装饰颈部、手腕、手指和耳朵，给整体造型增添亮点。

（2）帽子类：包括鸭舌帽、遮阳帽、毛绒帽等。它们可以保护头部免受阳光的照射，同时也可以起到修饰脸型和增添时尚感的作用。

（3）眼镜类：包括太阳镜、近视眼镜、防蓝光眼镜等。它们可以保护眼睛免受紫外线和蓝光的伤害，同时也可以提升整体形象。

（4）围巾类：包括丝巾、围脖、披肩等。它们可以用来保暖，也可以用来修饰颈部和肩部线条，增添层次感（图1-2）。

（5）手套类：包括手套、手指套等。它们可以保护手部免受寒冷的侵袭，同时也可以起到装饰手部的作用。

（6）包袋类：包括手提包、双肩背包、公文包等。他们主要以实用为

图1-2 服饰配件的种类

基础，又有装饰性的背、挎在肩上或拎在手上的物品。

（7）腰带类：包括皮带、腰链等。它们可以用来修饰腰部线条，提升腰部的美感。

（8）鞋子类：包括高跟鞋、运动鞋、凉鞋等。它们可以起到修饰脚部线条和提升整体形象的作用。

（9）其他：包括袜子、伞、扇子、打火机、手表等。

第二节　服饰配件的艺术演变

一、服饰配件的起源及发展

关于服饰配件的起源，我们可以追溯到人类文明的早期。在古代，人们开始使用各种物品来装饰自己的身体，这些物品逐渐演变成了现代的服饰配件。

最早的服饰配件可以追溯到原始社会，人们使用动物的骨骼、兽皮、羽毛等来制作装饰品，用于展示自己的地位、身份和美感。这些装饰品不仅仅是为了满足基本的保暖和保护功能，更是一种文化和社会的象征（图1-3~图1-5）。

随着社会的发展，人们开始使用金属、宝石、珍珠等贵重材料来制作服饰配件。这些材料的使用不仅仅是为了美观，更是展示财富和地位的象征。例如，古埃及的法老们常常佩戴金制的头饰和项链，以显示他们的统治地位。

在不同的文化和时代，服饰配件的形式和风格也有所不同。例如，中国古代的服饰配件包括发饰、耳环、项链、手镯等，常常使用玉石、珍珠、宝石等材料制作。这些配件不仅仅是为了美观，还有着象征吉祥、保平安等寓意。

现代社会，服饰配件已经成为了时尚的一部分。人们可以根据自己的

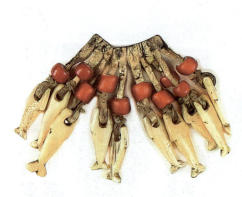

图1-3　因纽特人护身符（骨、兽皮、玻璃珠）

图1-4　古埃及法老们佩戴的金制项链

图1-5　中国古代的服饰配件（发饰）

喜好和风格选择各种各样的配件，如手表、眼镜、帽子、围巾等来搭配服装，以展示时尚品位和个性。

总的来说，服饰配件的起源可以追溯到人类文明的早期，它们不仅仅是为了满足基本的保护和功能需求，更是一种文化、社会和时尚的表达方式。

二、影响服饰配件发展的因素

影响服饰配件发展的因素有很多，主要包括社会文化因素、经济因素、科技进步、时尚潮流、环境保护意识等。

（1）社会文化因素：社会文化是服饰配件发展的重要驱动力。不同的文化背景和价值观会影响人们对服饰的需求和喜好。比如，在不同的国家和地区，人们对颜色、款式、材质等方面的偏好可能会有所不同（图1-6~图1-8）。

西方文化和亚洲文化：在西方国家，人们更注重个人表达和独立性，因此在服饰方面更追求多样性和个性化。而在亚洲文化中，人们更注重团队合作和社会地位，因此服饰更注重传统美学和社会意义。

印度文化和西方文化：在印度文化中，颜色和花纹是重要的元素，人们更喜欢色彩鲜艳、花纹繁多的服装。而西方文化中，黑白灰等中性色调，以及简洁、雅致的设计更具人气。

中华文化和西方文化：中华文化中，人们注重团队合作，因此在服装方面更注重和谐一致，追求简洁、流畅、有节奏感的线条和形状。而在西方文化中，追求的是个性化和独立性，注重穿出自己的风格和个性。

原住民文化和现代文化：原住民文化中，服装承载着世代相传的象征意义，追求的是与大自然相呼应的自然元素和色彩。而在现代文化中，更多追求时尚和造型的个性化。

（2）经济因素：经济状况对服饰配件的发展也有很大的影响。经济繁荣时期，人们的消费能力增强，对时尚和高品质的服饰配件需求也会增加。而经济不景气时期，人们可能会更加注重实用性和价格合理的服饰配件。

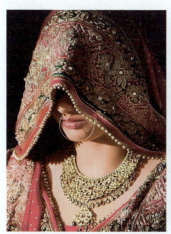

图1-6　印度服饰　　　　　　图1-7　中国服饰　　　　　　图1-8　西方服饰

（3）科技进步：科技的发展对服饰配件产业带来了很大的影响。新材料的应用、生产工艺的改进以及电子技术的应用，都为服饰配件的设计和制造提供了更多的可能性。现代技术的进步和创新使得服饰行业不断地变化和创新。以下是一些服饰科技创新的案例。

智能电子服装：包括可穿戴设备和智能纤维，如可以记录身体健康数据的运动服、可调节温度的服装、智能交互的服装等（图1-9）。

3D打印服装：采用3D打印技术制作服装，可以实现个性化和即时生产（图1-10）。

智能染色印花技术：利用纳米技术和数字化印花技术，可以实现图案复杂、色彩鲜艳、环保无毒的染色印花技术（图1-11）。

AR试衣：通过AR技术，可以让消费者在虚拟试衣间里进行虚拟试衣和搭配，增强消费者购物体验和便利度（图1-12）。

可穿戴科技智能配饰：智能手表、智能眼镜、智能项链等，将科技和时尚结合，创新设计，具有更高的功能性和美观性（图1-13）。

纤维材料科技创新：根据各种材料需求，开始出现了更高质量的纤维制品，例如，智能棉、新型合成纤维以及回收的纤维再利用（图1-14）。

（4）时尚潮流：时尚潮流是服饰配件发展的重要推动力。时尚潮流的

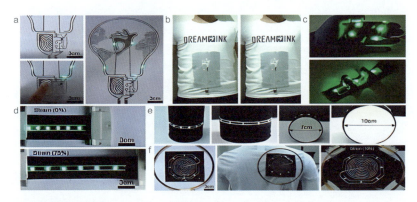

图1-9　智能电子服装

图1-10　3D打印服装

图1-11　智能染色印花技术

变化会影响人们对服饰配件的需求和购买决策。时尚潮流通常由设计师、名人、媒体等引领，他们的设计和宣传会对服饰配件市场产生很大的影响（图1-15）。

（5）环境保护意识：随着环境保护意识的增强，人们对服饰配件的环保性能和可持续性也越来越关注。环保材料的使用、生产过程的环保措施以及回收再利用等方面的要求，对服饰配件产业提出了新的挑战和机遇（图1-16）。

综上所述，社会文化、经济、科技、时尚潮流和环境保护意识等因素都会对服饰配件的发展产生影响。

三、现代服饰配件发展趋势

现代服饰配件发展趋势主要体现在以下几方面。

1. 个性化和趣味化

现在的年轻消费者，更加注重服饰的个性和时尚感。他们喜欢有趣的服饰配件设计，以及可以将自己的个性特点融入服饰。因此，在现代服饰配件的发展过程中，越来越多的品牌注重设计创新，打造个性化的服饰配

图1-12　AR试衣

图1-13　可穿戴科技智能配饰

图1-14　纤维材料科技创新

图1-15　时尚潮流

图1-16　环境保护意识

图1-17　个性趣味化设计

图1-18　智能科技化设计

图1-19　可持续环保设计

件，以满足年轻人的需求（图1-17）。

2. 智能化和科技化

随着科技的不断发展，越来越多的服饰配件品牌开始采用智能化技术，来提升服饰配件的用户体验。例如，智能穿戴设备可以自动记录用户的运动数据，智能加热贴可以帮助用户在寒冷的天气里保持身体的温度。这些智能化技术，不仅提高了服饰的适用性，也增加了消费者的购买欲（图1-18）。

3. 可持续发展和环保性

现在，越来越多的消费者开始关注环保及可持续性发展问题。因此，对于服饰配件品牌来说，环保以及可持续性也是一个重要的发展趋势。相信随着时间的推移，会有越来越多的服饰配件品牌，采用环保及可持续性发展的方式来打造自己品牌（图1-19）。

4. 跨界合作和多元化经营

跨界合作和多元化经营，也是现代服饰配件的趋势之一。例如，一些品牌开始与明星、艺术家合作，尝试推出更有特点的联名款式。另外，服饰配件品牌也在向多元化领域扩张，比如有的品牌开始推出家居用品、化妆品等（图1-20）。

第三节　服饰配件的设计基础

一、服饰配件的设计原则

服饰配件的设计原则是指设计服饰配件时所遵循的一些美学原则和规律，以使配件的形式美达到最佳状态。形式美法则为变化与统一、对比与调和、对称与均衡、比例与尺度、节奏与韵律、齐一与参差。

以下是一些常见的形式美法则。

（1）简洁性：简洁的设计可以使服饰配件更加清晰、易读和易懂。简洁的形式可以减少不必要的元素和细节，使设计更加纯粹和精炼（图1-21）。

（2）对称性：对称的设计可以给人一种平衡和稳定的感觉。对称的形式可以通过对称的元素、线条或色彩分布来实现（图1-22）。

（3）比例和尺寸：合理的比例和尺寸可以使服饰配件更加协调和美观。适当的比例和尺寸可以根据配件的功能和用途进行调整，以达到最佳的效果（图1-23）。

（4）运动感：运动感指设计中所呈现的动态和活力。运动感的形式设计可以通过运用流线型线条、弧线、斜线等来实现，以表达一种动感和活力的感觉（图1-24）。

（5）对话性：对话性指设计所呈现的各个元素之间的相互关系。设计中的对话性可以通过元素之间的呼应、对比、重复等来实现，以形成一个有机的整体（图1-25）。

图1-20　跨界多元化经营

图1-21　简洁性

图1-22　对称性

图1-23　比例和尺寸

图1-24　运动感

图1-25　对话性　　　　　　　图1-26　重点和焦点

（6）重点和焦点：设计中的重点和焦点是人眼所关注的部分。通过合理设置重点和焦点，可以引导人们的注意力，突出设计中的重要元素（图1-26）。

二、服饰配件设计的因素

（1）功能：服饰配件的设计必须符合其所需的功能，如纽扣、拉链、袋、扣环等（图1-27）。

（2）材质和质地：选择适合配件的材质和质地，如布料、皮革、塑料等，以突出其质感和品质（图1-28）。

（3）形状和线条：考虑配件的整体形状和线条，如要选择简单、流线型、弧线形的设计，以表达出优雅、时尚或动感的感觉（图1-29）。

（4）尺寸和比例：根据配件的用途和穿戴方式，选择合适的尺寸和比例，以使其与身体或其他服饰的比例协调一致。

（5）色彩和图案：考虑配件的颜色和图案，可以通过对比色、渐变色或复杂的图案来增加视觉冲击力和吸引力（图1-30）。

（6）细节和装饰：考虑配件上的细节和装饰，可以运用刻花、钉钻、特殊材质的切割等手法来增加配件的美感和价值（图1-31）。

（7）结构和重点：设计配件时考虑结构和设计重点，选择适合表达设计主题和焦点的方式。例如，在设计一款钱包时，可以通过纹理、图案或特别的标志来强调其品牌价值（图1-32）。

三、服饰配件设计的条件

服饰配件设计的条件是多方面的，下面列举一些主要条件。

（1）安全性：配件设计必须符合安全要求，不会对穿戴者带来伤害。例如，金属饰品不应该有锋利的边缘（图1-33）。

（2）实用性：服饰配件设计必须满足使用者的需求和功能要求。例如，纽扣必须易于使用和固定，布料袋必须可以容纳所需的物品等（图1-34）。

（3）舒适性：配件必须舒适并且不会给穿戴者带来不便。例如，帽子的边缘不能过紧，带子应该舒适贴合（图1-35）。

（4）创新性：配件设计可以体现出独特的创新思维和新颖的设计理念。这有助于吸引消费者的注意，并与其他竞争对手区分开来（图1-36）。

图1-27　功能

图1-28　材质和质地

图1-29　形状和线条　　　　图1-30　色彩和图案

图1-31　细节和装饰　　　　图1-32　结构和重点

图1-33　安全性　　　　图1-34　实用性　　　　图1-35　舒适性

图1-36　创新性设计

图1-37　可持续性设计

（5）可持续性：配件的设计应考虑到可持续性和环保因素（图1-37）。例如，选择可循环再利用的材料，减少对环境的影响。

综上所述，服饰配件设计的条件是多方面的，需要兼顾实用性、舒适性、安全性、创新性和可持续性等因素。

本章总结

本章概述服饰配件设计，介绍其定义、种类、艺术演变、设计原则、设计因素及设计条件。服饰配件作为具有装饰性能的实用物品，种类繁多，其发展受到多种因素影响。设计时需要遵循美学原则，考虑功能、材质、形状、尺寸等因素，并确保安全性、实用性、舒适性、创新性和可持续性。通过掌握这些基础知识，可以更好地理解和应用服饰配件设计。

课后作业

请学生收集一组服饰配件的图片或一位设计师的配饰作品，分析其特点，并做成PPT或者视频展示。

思考拓展

（1）什么是服饰设计的基本要素？请列举并简要解释它们的作用。
（2）你认为服饰设计师需要考虑的文化因素有哪些？请举例说明。

课程资源链接

课件

第二部分

设计实践

第二章　服饰配件设计方法

第一节　服饰配件设计灵感源

收集服饰配件设计灵感源的方法有以下几种（图2-1）。

（1）逛街和购物：去实体店逛街或者网店购物，观察不同品牌和设计师的服饰配件设计，并注意它们的细节和造型设计，汲取灵感（图2-2）。

（2）参观时尚展览和服装秀：参加时尚展览和服装秀，观察不同设计师的创新设计和时尚趋势，从中获取灵感（图2-3）。

（3）浏览时尚杂志和时尚博客：阅读时尚杂志和时尚博客，了解最新的时尚趋势和设计理念，从中取得灵感（图2-4）。

（4）探索其他艺术领域：参观画廊、博物馆、艺术展览等，观察绘画、雕塑、摄影等艺术作品，从中获取灵感（图2-5）。

图2-1　服饰配件设计灵感源

图2-2 逛街和购物

图2-3 参观时尚展览和服装秀

图2-4 浏览时尚杂志

图2-5 探索其他艺术领域

（5）社交媒体和设计平台：关注时尚设计师、品牌和时尚博主的社交媒体账号，浏览设计平台上的时尚作品，与其他设计师和创意人员交流和分享灵感（图2-6）。

（6）观察自然和环境：观察自然界的色彩、图案和形状，如花草、动物、天空等，或者从城市建筑、街道风景中获取设计灵感（图2-7）。

（7）旅行和文化体验：参观不同国家和地区的文化景点、服饰展览和手工艺品市场，了解不同文化的服饰设计和传统元素，获取灵感（图2-8）。

（8）团队合作和头脑风暴：与其他设计师、艺术家和创意人员合作，进行头脑风暴和创意讨论，共同收集服饰配件设计灵感（图2-9）。

图2-6 社交媒体和设计平台

图2-7 观察自然和环境

第二章 服饰配件设计方法 015

图2-8　旅行和文化体验

图2-9　团队合作和头脑风暴

通过以上这些途径，可以不断地汲取灵感，拓宽设计思维，提升自己的服饰配件设计水平。

第二节　服饰配件设计构思方法

（1）故事情节法：根据一个故事情节或者主题来构思服饰配件的设计概念。例如，根据童话故事中的角色和场景来设计配饰（图2-10、图2-11）。

（2）融合法：将不同的元素、风格或者文化相融合，设计出独特而有趣的服饰配件，例如，将古典元素与现代元素相结合（图2-12）。

（3）转换法：将一个物体或者概念转换为服饰配件的设计灵感。例如，将自然界的花朵转换为耳环或者项链的形状（图2-13）。

（4）形状法：以某个具体的形状为基础，进行变形和改造，创造出独特的服饰配件设计概念（图2-14）。

（5）材料法：以某种特殊的材料为切入点，探索其独特的使用方法和表达方式，设计出与众不同的服饰配件（图2-15）。

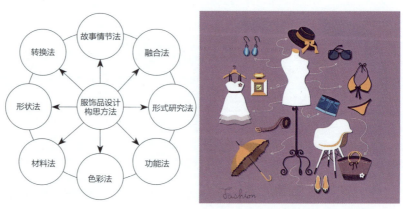

图2-10　服饰设计构思方法

图2-11　故事情节法

图2-12　融合法

图2-13　转换法

图2-14　形状法

图2-15　材料法

图2-16　色彩法

　　（6）色彩法：以色彩为灵感，探索不同色彩的组合和搭配，设计出鲜明和吸引人的服饰配件设计（图2-16）。

　　（7）功能法：根据服饰配件的功能需求，设计出便于使用和实用的设计方案。例如，考虑耳环的轻便性和舒适度（图2-17）。

图2-17　功能法　　　　　　　　　　　　图2-18　形式研究法

　　（8）形式研究法：通过对各种形式和线条进行研究，探索其可能的应用和组合方式，设计出独特的服饰配件（图2-18）。

　　除了以上的构思方法，还可以从时尚趋势、文化背景、个人风格等方面入手，通过头脑风暴和创意画板等工具整理并展开构思，逐渐推进服饰配件设计的概念化和细化过程。

第三节　服饰配件设计美学规律及色彩运用

　　服饰配件设计美学规律是设计原理中不可缺少的部分。相同的材料，经过不同的设计，按照不同的规律加以整合，即可形成完全不同的作品。

一、和谐与统一

　　和谐与统一是构成中最完美的表现形式。自然界中人们所创造出的美好物体都具有和谐统一这个基本特征。和谐与统一指将"多样性"的元素统一在和谐的氛围中。多样性是指从造型、材料、面积、色彩等各个方面都有程度不同的差异。在一件完整的作品中，这个差异应该适度，否则就会产生紊乱，因此要在多样中寻求和谐统一，使复杂的、变化的因素统一起来，达到完美。而过分的统一会使作品显得单调乏味，统一下的多样性可以弥补这个缺陷。也就是说，统一不只是按照某一种模式进行，而是多层次、多角度、多侧面和多样化的（图2-19）。

　　服饰配件中每一件作品都被视为完整的艺术作品。其美观与否在很大程度上取决于设计构成、取材、色彩、装饰等多方面的和谐统一性。因此在设计中，尽可能在多样中寻求统一的因素，在统一中寻求多样的变化，使两个因素有机地联系起来，达到一个始终的点，创造出一件和谐美观的作品。

图2-19　和谐与统一　　　　　　　　　　　　　　　　图2-20　调和与对比

二、调和与对比

调和区别于和谐，它是指由相近、相同的元素有机地结合，在相互关系上呈现较明显的一致性。在色彩上，相似或相近的色彩配合是调和的形式；在造型上，相近或相似的线条、结构、形体有规律的组合，也属调和的形式；而在选材上，相近或相似的质地、纹理、手感组合起来，同样是调和的形式（图2-20）。

对比相对调和而言，是以相异、相反的因素组合，将其对立面十分突出地表现出来，以此来突出服饰配件作品的强烈、夸张、尖锐、层次分明等效果。对比在服饰配件设计中的应用很普遍，但对比的程度也存在适度的问题。强烈的对比方式包含色彩中黑与白对比、红与绿对比，在造型上直线与曲线对比、宽面的大小对比，在材质质地中柔软与坚硬、细腻与粗糙的对比等。如果过分强调对比，可能会造成极端而失去美感。在首饰设计中，对比的尺度可从弱对比渐渐地过渡到强对比，而最终目的还是达到调和。它们是一对矛盾的统一体，而矛盾是可以互相转化的。

在服饰配件设计中，还可采取多种对比、调和的手法，如明的调和，暗的调和，明暗的对比、调和，大小的对比、调和，长短的对比、调和，造型的对比、调和，材质的对比、调和等。通过各种对比、调和手法，达到主题突出、层次丰富、美观实用的效果。

三、均衡与对称

对称与均衡是平衡的两种形式，平衡给人以稳定感。对称式构图的特征，是沿画面的中心轴两侧有等质、等量的相同物体形态，两侧要保持绝对均衡的关系。它在人们心理上感觉上偏于严谨，显得庄重、严肃，但过于呆板、拘谨，多用于较为庄重的主题。均衡通常是指沿画面中心轴两侧，有不等质、不等量的不同物体形态分的构图形式。它在人们心理感觉上偏于灵活，使人有轻松感。对称与均衡是平衡的形式，平衡就是稳定。稳定在构图中，不仅表现在画面中心轴两侧的布局上，还表现在画面的上下结构中，常采用上部轻、下部重的方法，轻者用淡色调，重者用浓色调（图2-21）。

四、节奏与韵律

节奏本为音乐中的名词，指音在时间上的长与短、程度上的强与弱、分量上的轻与重的变化秩序。在原理上，节奏的规律与文学、艺术、实用美术等各门类有一定的相通之处，在广义上已成为各类艺术常用的名词。在服饰配件设计中，节奏则指构成因素的大与小、多与少、强与弱、轻与重、虚与实、长与短、曲与直等有秩序的变化，也就是指一定单位的有规律的重复或形体运动的分节。在形式美中，节奏感是一个很重要的因素。

节奏在造型处理上，可以产生多种律动感，如形状、大小、位置、比例等做有规律地排列和增减并形成段落，可以将其分为单位重复节奏和单位渐变节奏。单位重复节奏的特点是由相同形状作等距离的排列，如二方连续式排列、四方连续式排列、循环式排列、放射状排列等，都是最基本的节奏形式。单位渐变节奏也具有重复的性质，但其每一个单位都包含了逐渐变化的因素，如形状的渐大渐小、位置的渐高渐低、色彩的渐明渐暗、距离的渐远渐近等。具体的方法亦有运动迹象的节奏，让一个基本单位重复运动形成轨迹，产生连续的动感和节奏；生长势态的节奏，基本形逐级增大、增高以产生节奏；反转运动的节奏，线的运动方向或基本形运动的轨迹做左右、上下反转，尤以曲线形式可产生较强的节奏感（图2-22）。

韵律本为教学创作技巧的用语，指诗歌中的音韵和节律。韵律一词也广泛用于其他艺术门类中。在造型艺术中，韵律是指既有内在秩序，又有多样性变化的复合体，基本单位多次反复，在统一的前提下加以变化。

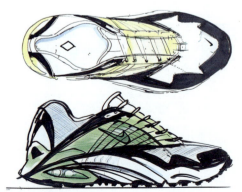

图2-21　均衡与对称

图2-22　节奏与旋律

第四节　服饰配件设计创意思维培养

服饰配件设计创意思维培养是一个多维度的过程，涉及观察力、想象力、创新思维和执行能力等多个方面。以下是一些培养创意思维的建议。

（1）观察与感知：培养对周围世界的敏感度，观察不同人的服饰配件搭配，理解其与个性、场合、文化的关联。

（2）拓宽视野：阅读时尚杂志、参观博物馆、了解不同国家和民族的文化特色，以获取灵感和积累知识储备。

（3）打破思维定式：不要局限于传统的思维模式，勇于挑战和尝试新的设计理念和元素。

（4）多角度思考：试着从不同角度去思考和解决问题，如逆向思维、横向思维等。

（5）动手实践：实际操作可以加深理解，也是创意的来源。尝试制作一些小饰品或配件，从中体验设计的乐趣。

（6）团队合作：与他人分享想法和创意，互相激发灵感，可以提高创意思维的深度和广度。

（7）反思与总结：回顾和总结自己的设计过程，发现并改进不足，有助于提高创意思维的效率和质量。

（8）保持好奇心：对新知识、新技术和新趋势保持好奇，勇于尝试新的创意和技术。

（9）与时尚潮流保持同步：了解当前流行的时尚元素和趋势，将其融入设计中，但也要注意不过于追随潮流，要有自己的独特风格。

（10）深入研究和理解目标受众：了解目标受众的需求、喜好和文化背景，这将有助于创造出更符合市场需求的配件设计。

总的来说，创意思维的培养是一个长期的过程，需要持续的努力和实践。

本章总结

本章主要介绍了服饰配件设计的方法和构思过程，包括灵感源的收集、设计构思的方法以及美学规律和色彩运用等方面的内容。通过逛街购物、参观展览、阅读时尚杂志、探索其他艺术领域、关注社交媒体和设计平台等途径，可以收集到丰富的灵感源。在设计构思方面，介绍了故事情节法、融合法、转换法、形状法、材料法、色彩法、功能法和形式研究法等构思方法。同时，还探讨了服饰配件设计中的美学规律和色彩运用，包括和谐统一、调和对比等方面的内容。通过本单元的学习，有助于提高设计者的服饰配件设计水平和创意思维能力。

服饰配件是时尚产业中的重要组成部分，其设计水平和创意思维能力的培养对于推动时尚产业的发展和创新至关重要。因此，对于服饰配件设计者而言，掌握本单元所介绍的方法和技巧，并将其运用到实际设计工作中，对于提升自身的设计水平和推动时尚产业的创新发展都具有重要意义。

教学重点

（1）**设计思维的培养：** 重点在于引导学生培养创意思维，通过观察、分析和理解时尚趋势、文化背景和个人风格，激发学生的创新灵感，培养其独立思考和解决问题的能力。

（2）**造型规律的理解与应用：**学生需要掌握服饰配件设计的造型规律，包括但不限于功能、材质、色彩等方面的考量。这些理论知识能帮助学生更好地理解和把握设计的要素，使其在实际操作中能够运用这些规律，提高设计的整体效果。

（3）**设计元素的整合：**服饰配件设计需要综合考虑多种设计元素，如色彩、形状、线条、材质等。教学重点在于培养学生整合这些元素的能力，使他们能够根据主题和目标，合理选择和搭配这些元素，以实现设计的和谐统一。

（4）**实践操作与技能培训：**除了理论知识的传授，课程中还需要注重实践操作和技能培训。学生需要掌握基本的制作技能，如缝纫、编织、珠宝制作等，能够将设计想法转化为实际的产品。同时，通过实践操作，学生可以更好地理解设计的原理和规律，提升自己的设计能力。

（5）**文化内涵的传承与创新：**服饰配件作为文化的一种载体，其设计必然涉及文化的传承与创新。在教学中，需要引导学生理解服饰配件的文化内涵，鼓励他们在设计中融入传统文化元素，同时结合现代审美和科技，实现文化的传承与创新。

教学难点

教学难点主要体现在以下几个方面。

1. 设计思维的激发与培养

原因：学生可能习惯于传统的、固定的思考模式，难以打破思维定式，进行创意思维。

解决方案：采用多种教学方法，如头脑风暴、角色扮演、案例分析等，鼓励学生从不同角度思考问题，培养其创意思维。

2. 文化与设计的融合

原因：服饰配件设计常常涉及到不同文化元素的融合，如何平衡文化传承与创新是一大挑战。

解决方案：引导学生深入研究不同文化，鼓励他们探索文化元素的创新应用，同时注重文化的尊重与传承。

3. 市场需求的洞察与满足

原因：学生可能缺乏对市场的了解，难以准确把握市场需求和趋势。

解决方案：组织市场调研，引导学生分析市场数据，培养他们的市场洞察力，使其设计更符合市场需求。

4. 跨学科知识的整合与应用

原因：服饰配件设计涉及美学、材料学、市场学等多个学科领域，学生可能难以综合运用这些知识。

解决方案：强化跨学科的教学内容，引导学生进行综合性学习和应用，培养他们的跨学科思维能力。

课后作业

（1）请学生确定主题，围绕主题进行前期调研和头脑风暴，围绕主题尝试服饰设计的可能性。完成灵感主题版，8开大小，以拼贴手绘形式进行。

（2）以自然界中的植物为灵感，设计一款主题为"花园之美"的帽子。选择某种特定植物作为设计元素，并在帽子上恰当地运用这些元素，使得整个帽子呈现出一种自然、柔和的风格。在设计中注重生态环境的保护和可持续发展的理念。

（3）以文化元素为灵感，设计一款主题为"传统文化"的服饰配件包。可以选择某个国家或地区的传统文化作为设计主题，并将其与现代时尚元素融合在一起，创造出一款既有文化传承性又具时代感的产品。在设计中注重文化保护和传承，以及多样性和包容性。

（4）以音乐为灵感，设计一款主题为"音乐之旅"的帽子。可以选择某种音乐类型或音乐文化作为设计主题，并在帽子上体现出这种音乐的风格和氛围。在设计中注重音乐与文化的交融，以及创新与个性化的表达。

思考拓展

随着时尚产业的不断发展，新思潮、新理念、新技术不断涌现，对服饰配件设计产生了深远的影响。请结合所学知识，探讨如何将这些新的元素应用到服饰配件设计中，并举例说明。

要求

（1）结合实际案例，具体阐述新思潮、新理念、新技术在服饰配件设计中的应用。

（2）分析这些新元素对服饰配件设计的影响，以及如何推动时尚产业的发展。

（3）提出自己的见解，探讨未来服饰配件设计的趋势和方向。

提示

（1）可以选择某一具体的服饰配件，如鞋子、包包、首饰等，结合新思潮、新理念、新技术进行分析。

（2）可以从材料、技术、设计风格等方面入手，探讨如何将这些新元素应用到实际设计中。

（3）可以关注当前时尚界的热点话题，如可持续时尚、智能化穿戴设备等，探讨这些话题与新思潮、新理念、新技术的关系。

课程资源链接

课件

第三章 服饰配件分类设计

第一节 帽子、包袋、鞋子等服饰配件的分类

服饰配件的分类有数种，一般按照不同的要求可分为不同的类型。如按照装饰部位，可分为头饰、发饰、面饰、颈饰、耳饰、腰饰、腿饰、足饰等；按材料特点，可分为纺织品、绳线纤维类、皮毛类、竹木类、贝壳类、珍珠宝石类、金属类、自然花草类、塑料类等；按照装饰功能与效果分，可分为首饰品、编结饰品、包袋饰品、花饰品、帽饰品、腰带饰品、鞋袜及手套饰品、伞扇、领带、巾帕饰品等。

一、帽子的种类

帽子的造型、功能丰富多样，变化无穷，一年四季各种场合无不在发挥着它独特的魅力，以下是现代常见的帽子种类。

（1）贝雷帽（Beret）。贝雷帽最早出现在古希腊、古罗马，男女老少均可以使用。这种帽型无帽檐，有两种最普遍的款式：巴斯克贝雷帽，帽上通常有带子（图3-1）；莫迪琳贝雷帽，帽上无带，缝在帽顶上的小穗或扣子是用来遮住帽顶小孔（图3-2）。

（2）圆顶礼帽（Bowler）。这种帽在美国被称为常礼帽，是19世纪男

图3-1 巴斯克贝雷帽

图3-2 莫迪琳贝雷帽

子戴的一种便帽。第一次世界大战后，圆顶礼帽在英国风行，成为正式礼帽（图3-3）。

（3）鸭舌帽（Casquette）。鸭舌帽是依照19世纪商人的帽子制作的，所以在有些国家称它为"商贩帽"。现在称之为鸭舌帽，是因为帽檐前面伸出的部分形似鸭舌。鸭舌帽过去是男用，现在女子也戴（图3-4）。

（4）钟形帽（Cloche）。约流行于20世纪30年代的一种女帽，帽檐较低，帽身呈上小下大型，像一个挂钟，因而得名。钟形帽在正式场合和日常生活中都可以使用（图3-5）。

（5）宽檐帽（Capeline）。这种帽型的装饰色彩较浓，帽檐上一般用缎带、花边、纱网、人造花、珠子等装饰，十分华美。不适合在工作环境和日常生活环境中使用（图3-6）。

（6）翻折帽。翻折帽有三种形式：前翻帽（Breton），即帽檐前部分向上翻折。后翻帽（Tyrolean），即帽檐后部分向上翻折。全翻帽（Sailor），即整个帽檐向上翻折。翻折帽给人以轻松活泼感，一般在日常生活或旅游时使用（图3-7）。

（7）罐罐帽（Canotie）。此帽是一种轻便礼帽，帽檐有宽有窄，但不会与宽檐帽的帽檐一样，帽顶为平顶，帽身上下一样大。这种帽子可以在正式场合使用（图3-8）。

（8）罩帽（Bonnet）。罩帽是将头顶、头后全部包住的一种帽型。罩帽分有檐和无檐两种形式。檐罩帽和无檐罩帽都是女性帽（图3-9）。

图3-3 圆顶礼帽

图3-4 鸭舌帽

图3-5 钟形帽

图3-6 宽檐帽

图3-7 翻折帽

图3-8 罐罐帽

（9）塔盘（Turban）。这是起源于阿拉伯、印度地区的一种帽型，是用一条长巾盘缠在头上而形成的帽型，有些在前面正中央用带子扎住，形成花结效果（图3-10）。

（10）豆蔻帽（Toque）。源于土耳其的一种帽型，最早被称作"花钵帽"，由于它无帽檐，所以有人称它为"青口"。这种帽型适用于较正式的社交场合（图3-11）。

（11）伏头（Hood）。伏头有两种形式，一种是与上衣连在一起的裹住头部的形式，一种是单独存在，帽身几乎全部贴住头部的形式（图3-12）。

（12）发箍半帽（Hair band）。一种头顶上的装饰，属于一种半帽。其形式多样，有的是一个花结，有的是一组花饰或一块带装饰性的小头巾（图3-13）。

（13）药盒帽（Pillbox）。帽身较小较浅，戴时放在头顶的一种帽型，通常装饰有纱网、人造花、珠子、羽毛等。这类帽子装饰性强，只在正式场合中使用（图3-14）。

（14）中折帽（Soft hat）。中折帽是男性使用较多的一种帽子。帽顶中间下凹，19世纪末英国皇太子曾佩戴它，因而风行起来。中折帽通常作为便礼帽（图3-15）。

图3-9　罩帽

图3-10　塔盘

图3-11　豆蔻帽

图3-12　伏头

图3-13　发箍半帽

图3-14　药盒帽

图3-15　中折帽　　　　　　　图3-16　牛仔帽　　　　　　　图3-17　斗笠

（15）牛仔帽（Cowboy hat）。牛仔帽因为在美国西部长期流行，所以也叫作"西部帽"。它的特点是帽檐两边向上翻卷，过去多为男子所用，现在着牛仔装的女子也戴这种帽子（图3-16）。

（16）斗笠。斗笠的特点为无帽檐帽身之分，尖顶，整个帽呈尖形，但大小不一，形式多种（图3-17）。

二、包的种类

包的种类有背包、新月包、法棍包、邮差包、圆筒包、晚宴包、化妆包、水桶包、绗缝包、手拿包、马鞍包、医生包、剑桥包、旅行包、购物包、翻盖包、托特包、口金包、手挽包等（图3-18）

图3-18　包的种类

三、鞋的种类

（一）女鞋的类型

（1）浅口鞋（Pumps）。浅口鞋鞋口较大，穿脱方便，脚面露出部分较多，不配纽带或金属卡等任何部件，前帮的总长度较浅，称为浅口式鞋。这是女鞋最基本的形态。鞋跟的高度有多种，一般7cm以上的称为"高跟浅口鞋"，3.5～6cm的称为"中跟浅口鞋"，2~3.5cm的称为"低跟浅口鞋"（图3-19）。

（2）船鞋（Cutter shoes）。船鞋宛如小船形状而得名，鞋跟低，也是低跟浅口鞋（图3-20）。

（3）吊跟鞋（Sling Back pumps）。吊跟鞋是后跟帮的部分空，用皮带系住的浅口鞋，亦称前满后空后祥带式（图3-21）。

（4）露趾浅口鞋（Open toe pumps）。露趾浅口鞋是只露出脚尖部分的浅口鞋，也称前空后满浅口鞋（图3-22）。

（5）侧露浅口鞋（Open side pumps）。该鞋的设计结构为前后满中空式浅口鞋，也称"中空式浅口鞋"。选用有光泽的漆皮或柔软的绒面革制作，具有时髦感，常与正式的套装搭配（图3-23）。

（6）中V形浅口鞋（D'orsay）。其特色在于鞋面中间的V形浅口，展现出优雅而时尚的线条美。这款鞋子既有经典的前后满盈款式，也有独特的前后交错中空式，为穿着者提供多样化的选择。在材质上，中V形浅口鞋多选用高级绒面革或真丝缎等优质材料，触感舒适且彰显奢华品位。无论是搭配正装还是休闲装，这款鞋子都能完美展现穿着者的优雅气质和时尚态度。（图3-24）。

图3-19　浅口鞋

图3-20　船鞋

图3-21　吊跟鞋

图3-22　露趾浅口鞋

图3-23　侧露浅口鞋

图3-24　中V形浅口鞋

（7）中空浅口鞋（Separate pumps）。这是鞋的前部和后部分离开的结构设计，也叫前后满中空式。根据鞋跟的高度及用途，从正式的豪华型到休闲的轻便型有各种各样的表现形式（图3-25）。

（8）拖鞋（Mule）。只遮盖脚尖部分，没有后帮，穿脱容易的鞋，也称为"后空式女皮拖鞋"。一般用于室内穿着（图3-26）。

（9）燕尾花孔三接头鞋。包头的形态像燕尾一样，在接缝处凿有花孔，没有鞋舌，用带子系住帮面。19世纪末苏格兰人身着打褶裙参加运动比赛时就穿这样的鞋。鞋带的穿入方法也有特征，且在带的尖端加上了装饰（图3-27）。

（10）鞋舌带穗三接头鞋（Kiltie tongue）。三接头式的结构，其鞋舌有像苏格兰裙褶似的褶，纵向剪成锯齿状，就称为鞋舌带穗三接头鞋。像这样的鞋舌是把穿鞋带的扣眼部分遮盖了，正如所见到的高尔夫球鞋那样，因此也被称为"高尔夫式"。这是有些传统感且不俗的鞋（图3-28）。

（11）镂花皮鞋（Brogue）。这种设计既适合于男鞋也适合于女鞋，是常春藤风格式样的鞋。在鞋的整体采用了花孔装饰和锯齿饰边的装饰手法，使它具有高品质的感觉。这种鞋的鞋跟是用皮革一片一片地摞叠起来的，该鞋跟在女鞋中最受欢迎（图3-29）。

（12）无带鞋（Slip-on pumps）。它同男子鞋中的松紧口鞋、懒汉鞋一样，是穿脱方便的鞋，在前帮盖部分大部分都有U字形缝埂设计，也称作"轻便鞋"，是设计的基本形，鞋跟或鞋底一周都要按正规的要求制作，在素材或颜色上依个人喜好而定（图3-30）。

图3-25　中空浅口鞋　　　　图3-26　拖鞋　　　　　　　图3-27　燕尾花孔三接头鞋

图3-28　鞋舌带穗三接头鞋　　　图3-29　镂花皮鞋　　　　图3-30　无带鞋

（13）横条舌式鞋（Coinloafer）。横条舌式鞋是轻便无带鞋的一种，鞋的前帮盖上有U字形的缝线装饰，横条的中央有细长的切口，并且在切口处夹入圆形银币似的饰物，鞋跟一般为低跟或平跟，是无带的轻便型鞋（图3-31）。

（14）前后空中满式凉鞋（Plat shoes）。这种鞋露出脚趾和脚后跟，鞋底是从前到后坡形增厚且与鞋帮部用相同皮革包住。约从1954年起，这种样式开始常见，其特征是简单轻便，穿着舒服，也用作散步鞋（图3-32）。

（二）男鞋的类型

（1）牛津鞋（Oxford）。鞋帮高系鞋带的短腰鞋的总称。鞋带可用来调节。17世纪英国牛津大学的学生反对当时穿靴子，而穿这种鞋，由此而得名。约从19世纪起，这种鞋称为牛津鞋，到现在仍被应用于妇女鞋、儿童鞋，以及外出鞋、工作鞋中。在结构上也称作三接头内耳鞋（图3-33）。

（2）巴尔毛拉尔（Balmoral）。统口呈V形系鞋带式的鞋。19世纪中叶英国王室的宅邸在巴尔毛拉尔城，此鞋就取自王城的名字，也被称为"内耳鞋"，样式线条优美（图3-34）。

图3-31 横条舌式鞋　　　　　　　　图3-32　前后空中满式凉鞋

图3-33　牛津鞋　　　　　　　　图3-34　内耳鞋

（3）布拉卡鞋（Blucher）。有功能性系鞋带外耳式鞋。这种矮腰鞋是在1810年德国布路黑尔将军的军用靴基础上设计出来的，所以该名称便取自将军名字的英语发音。现在这种类型的设计还在广泛应用，主要有内耳式和外耳式系带的两大形式（图3-35）。

（4）镂花皮鞋（Brogue）。有镂花孔装饰的矮腰鞋。很久以前，在爱尔兰和苏格兰，工匠用干透了的生皮革制作之后，在鞋的脚面前部有W形接缝，并且在接缝处凿有花孔装饰变化。从脚尖开始有锯齿切裁装饰和花孔装饰的称作"全镂花皮鞋"，曾为英国式男子鞋的特征。这种设计在妇女鞋中也常使用（图3-36）。

（5）修士鞋（Monk）。在鞋帮的鞋口处附带鞋带，在侧面留有皮带扣样式的鞋。这是从大约15世纪阿尔卑斯的修道士们穿着的带扣鞋演变而来的。在结构上也称"旋转耳式鞋"（图3-37）。

（6）松紧口鞋（Slip-on）。矮腰鞋形，穿脱方便简单。在脚面的穿口部位或鞋帮的侧面配弹性材料，所以都没有鞋带、纽扣或扣环之类的附件。在结构上称作"整体舌式鞋"。实业家或是商人大多把朴素的松紧口鞋与黑礼服相搭配，所以这种鞋亦被称为"商人鞋"。"懒汉鞋"是松紧口鞋变化型的一种（图3-38）。

图3-35　布拉卡鞋

图3-36　镂花皮鞋

图3-37　修士鞋

图3-38　松紧口鞋

图3-39　懒汉鞋

图3-40　带穗软鞋

图3-41　鞍形鞋

图3-42　甲板鞋

（7）懒汉鞋（Loafershoes）。Loafer有"懒汉"的意思，是穿着轻便、柔软、随意类型的鞋。在鞋帮的鞋面部分缝成U字形，也是轻便的松紧口鞋，在鞋帮的口门外缝有围条，围条的中心有切口，在结构上也称作"围条围盖舌式"鞋（图3-39）。

（8）带穗软鞋（Tassel moccasin）。在鞋面部分有U字形的设计，并有穗子装饰的鞋。据说该鞋是1950年为好莱坞的演员设计制作的。这种鞋既适合穿着盛装的场合，也适合于潇洒、粗犷、休闲的装束，是非常便利的鞋（图3-40）。

（9）鞍形鞋（Saddle shoes）。鞋帮的中部像马鞍形状，脚尖部分无装饰，内耳式系带鞋。前后呈白色，马鞍部呈黑色或褐色等，配色或搭配素材的变化形式很多（图3-41）。

（10）甲板鞋（Deck shoes）。原为在轮船或快艇甲板上穿用的鞋，底部有防滑花纹。鞋帮选用耐水性强的油漆布，是轻便类型的系带鞋（图3-42）。

第二节　包袋、鞋子服饰配件的历史

一、包袋的历史演变

图3-43　早期动物皮革制作的包袋

（1）早期：早期的人类使用简单的动物皮革、兽皮、树叶或树皮等材料制作简单的袋子，用于携带食物、工具和其他生活必需品（图3-43）。

（2）古代文明时期：在古代文明时期，包袋在不同文明中有着不同的形态和用途。例如，罗马帝国皇帝图拉真征服达西亚后，于公元113年建立了"图拉真凯旋柱"，建筑师在上方刻下罗马信使（士兵）用到的包裹。那是一种被称为"小龛"（Loculus）的皮质容器，长宽约为30～40cm，由一整张羊皮或牛皮缝制而成，用斜带和青铜环加固（图3-44）。

（3）中世纪：在中世纪的欧洲，人们开始使用布料制作的袋子。这些袋子往往装饰精美，用于携带珍贵物品和财富（图3-45）。

（4）文艺复兴时期：文艺复兴时期，包袋的制作和设计成为一门艺术。贵族和富人开始使用雕刻精美、装饰华丽的袋子，用于携带珠宝、钱币和个人用品（图3-46）。

（5）工业革命时期：随着工业革命的到来，包袋开始大规模生产，并且出现了更多的样式和功能。背包和手提包等现代包袋形式开始出现（图3-47）。

（6）20世纪初：随着女性独立和参与社会活动的增多，手提包成为一种常见的包袋形式。不同品牌的包袋开始出现，成为时尚和个人品位的象征（图3-48）。

图3-44　欧洲古代文明时期的Loculus小龛包　　　　　　图3-45　欧洲中世纪的包

图3-46　文艺复兴时期的包　　　　　图3-47　工业革命时期的包　　　图3-48　20世纪初的包

图3-49 第二次世界大战后的包

（7）第二次世界大战后：随着经济的发展和时尚文化的兴起，包袋变得更加多样化和丰富。各种不同材质、形态和功能的包袋涌现出来，适应了不同人群的需求和时尚潮流（图3-49）。

（8）当代：随着科技的发展和人们生活方式的改变，包袋的设计也在不断创新。现代包袋不仅注重实用性和容量，还融入了智能科技和个性化设计的元素（图3-50）。

二、鞋子的历史演变

鞋的历史可以追溯到人类文明的早期阶段。以下是鞋的演变概述。

（1）史前时代：最早的鞋可能是原始人用兽皮或植物叶子包裹脚部的简单保护措施（图3-51）。

（2）古代文明：在古埃及、古希腊和古罗马时期，人们开始制作更复杂的鞋子，例如皮靴和革履。这些鞋子通常是手工制作的，并且在设计和装饰方面具有一定的艺术性（图3-52）。

（3）中世纪：在欧洲的中世纪时期，贵族阶层和富有的人使用皮靴或带鞋带的鞋子来显示身份和地位。普通人使用简单的皮鞋或木履（图3-53）。

（4）工业革命：随着工业革命的到来，鞋子的制作方式发生了变革。机器制造的鞋子使得大规模生产成为可能，从而使更多人能够购买和拥有合适的鞋子（图3-54）。

（5）现代时代：在20世纪和21世纪，鞋子的种类和风格进一步丰富。运动鞋、高跟鞋、平底鞋、凉鞋等各种不同的款式成为流行，满足了人们各种不同的需求和使用场合（图3-55）。

图3-50 当代的女包

图3-51 史前时代的鞋子

图3-52　古代文明的鞋子　　图3-53　中世纪的鞋子　　　　　图3-54　工业革命时期的鞋子

图3-55　现代的鞋子

第三节　包袋、鞋子等其他服饰配件设计

一、包的设计

（一）包的形状

几何形：圆形、方形、三角形、扇形、桶形、球形（图3-56）……

物体形：动物、汽车、乐器、帽子、鞋子形（图3-57）……

（二）包的结构

1. 包的基本结构

在进行包的设计之前，必须先了解它的构造，然后才能得心应手地对每一部分进行变化，不至于出现结构上的盲点。

包的表面称"前面"，里面（靠人身体的一面）称"后面"，包的两个侧面称"包墙"，包底称"底"（图3-58）。

2. 包主要有以下几种基本的构造

包的侧面：长方形、三角形、圆形、褶（图3-59）。

3. 女士包的开口

拉链：开口严实耐用，操作简单，是应用最广泛的开口方式。

图3-56　包的形状（几何形）

图3-57　包的形状（物体形）

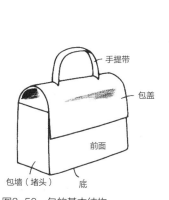

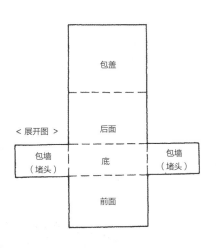

图3-58 包的基本结构

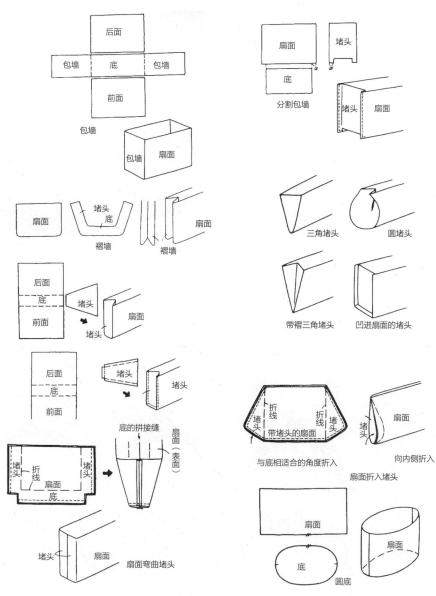

图3-59 长方形、三角形、圆形、褶形包的侧面

绳子：用绳子可以收缩包袋的开口，并形成一些褶皱，这种开口方法能充分见到包的内层，但操作较麻烦，不能很严实地合拢包袋，适用于休闲包。

搭扣：扣锁用金属做成，简洁干练，兼具装饰性，适用公文包或多功能包。

架子口：装在包袋开口位置的框架，有方形、圆形等多种形状，小巧精致，适用于小型女用包（图3-60）。

金属架子口（图3-61）。

图3-60 女士包的开口

图3-61 金属架子口

（三）包的面料

面料：包可以使用各种各样的材料来制作，常见的有天然皮革、合成皮革、布料、乙烯塑料等（表3-1）。以下介绍各类天然皮革的特征（图3-62）。

（四）包的设计方法

手袋设计中经常应用以下九种设计方法：形体变化设计法、复古设计法、仿生设计法、系列设计法、反向设计法、变更设计法、结合设计法、夸张设计法和加减设计法。

图3-62 天然皮革、合成皮革、布料、乙烯塑料

表3-1 按动物种类区别皮革特征

种类	特征	用途
小牛皮	出生后6个月以内的小牛的皮。皮革最高级，价格贵，有致密的银色面花纹，很柔软，表面容易损伤	手提包、鞋帮、口袋、手套、衣料等
犊牛皮	指年龄在6个月到1岁多的犊牛的皮革，价格昂贵，其纹理相较于小牛皮略显粗糙，且更为厚实	鞋、包
母牛皮	来自年龄超过2岁的母牛的皮革，表面带有细腻的银色纹理，品质稍逊于犊牛皮，但相较于公牛皮则更为细腻	鞋耗、鞋底、手提包、家具、室内装饰用等
公牛皮	经过特殊处理的公牛皮革。公牛在出生后3~6个月内进行去势，年龄超过2岁的公牛所产的皮革，其厚度均匀，表面较为粗糙。而3岁以上的公牛皮则更为坚硬厚实，纤维组织也显得较为粗糙	鞋、包
山羊皮	山羊皮薄韧、结实不变形，毛孔特征鲜明，但日晒易变色。山羊羔皮与小山羊羔皮统称山羊羔皮，独具魅力	手提包、鞋帮、手套、图书封面等
羔羊皮	既薄又柔软，皮质为海绵状，结实，手感好，容易脱色和变形，也称仔羊皮	手提包、手套、衣料、鞋帮等
猪皮	仅次于牛皮，利用范围最广，耐摩擦性强，特征为每三个毛孔为一撮的皮面花纹，价格适中	鞋帮、鞋里、手提包、皮带、衣料等
马皮	皮面大，表面光滑、柔软，主要从马腰部分取材，非常结实、平滑具有沉稳的光泽，组织细密	手提包、鞋帮、衣料等
袋鼠皮	袋鼠皮品质上乘，超越小牛皮，轻盈结实且柔软。因其不易拉伸变形，常用于高级商品中	鞋帮、手套、手提包等
鳄鱼皮	钝吻鳄、鳄鱼等的皮具有美丽独特的鳞状模样，很结实	手提包、皮带、皮包、鞋帮等
蛇皮	具有美丽的斑纹，以锦蛇为主，还有眼镜蛇、水蛇等其他各种蛇皮，皮质结实牢固	手提包、小饰物、皮带、鞋帮等
蜥蜴皮	比鳄鱼皮用得多，其种类也很多	手提包、小饰物、皮带等

1. 形体变化设计法

在手袋设计中，对于初学者最常用到的是形体变化设计法，即对包体和部件做出形状、线条、结构和比例等的变化（图3-63）。形体设计方法在手袋设计中的应用规律，主要有以下几点。

（1）割补法（对手袋进行切割或补贴）。

（2）互换法（对手袋结构配件等的互换）。

（3）倒置法（对形体纹样进行上下或左右调节变化）。

（4）压缩拉伸法（对形体进行压缩或拉伸调整成新的形体）。

（5）移形换位法（附件五金配件或工艺特色等的转移与延伸）。

（6）跳跃法（将同一特色运用于不同的部位形成整体的谐调构成一个系列，使之动感活跃）。

2. 复古设计法

手袋设计的复古法指手袋样式与装饰的设计参照古代服饰、装饰的样式，运用古典风格的图案，根据现代手袋的特点，重新筹划手袋款式，使手袋体现古典韵味的一种设计方法。这种设计方法在手袋中的应用规律，主要有以下两点。

（1）参照一些古典风格的手袋，在材料的处理上运用一些复古材料，如丝绸、松紧布等；在工艺的运用上采用传统古典式工艺，如线缝工艺等。

（2）运用一些能体现古典风格的图案进行手袋的装饰（图3-64）。

3. 仿生设计法

设计师通过感受大自然中的动物、植物的优美形态，运用概括和典型化的手法，对这些形态进行升华和艺术性加工，结合手袋结构特点进行创造性设计（图3-65）。

图3-63　形体变化设计法

图3-64　复古设计法

图3-65　仿生设计法

4. 系列设计法

系列设计法是设计师对手袋某种或某些设计要素运用发散思维进行系列变形，拓展设计要素的表现形式，从而产生同一主题的多种款式的设计手法。系列设计法在手袋设计中的应用规律主要有以下三点。

（1）形体系列化。形体系列化是通过变化形体大小和以不同的款式相同或类似的形体实现的。

（2）色彩系列化。色彩系列化是通过对手袋色彩进行系列的应用，从而产生多种色彩搭配方案的手袋款式。

（3）部件系列化。指以一个或多个有特色的部件（如五金配件，织带等）为基础，通过标准化、统一化设计和生产，形成系列产品。值得一提的是，在运用系列化思维时，要选择能突出手袋个性的设计规律进行设计，能体现系列手袋的"个性之中包含共性、变化之中包含统一、对比之中把握谐调"的思想（图3-66）。

图3-66 系列设计法

5. 反向设计法

顾名思义，反向设计法是把手袋原来的形态、形状放在相反的位置上思考。通俗地讲，就是换个角度想问题。反向设计法的意义不仅仅是改变了手袋造型，往往还是手袋新形式的开端。反向设计法在手袋设计中的应用规律主要有以下三种。

（1）对手袋造型位置的反向。这种改变包括前与后的反向、上与下的反向、左与右的反向以及正与斜的反向等。

（2）对手袋用途的反向。例如，是否能将夏季款式变成冬季款式，或将男士包袋的特性运用到女士包袋中去，从而出现了女包男性化的倾向等。

（3）对手袋原料和工艺的反向。原料的厚与薄、光与糙、软与硬等性状都可以成为原料反向的内容，这为设计师在原料的选择上带来一个崭新的视角。将工艺进行反向处理，往往也会出现意想不到的效果。工艺的反向包括工艺的简与繁的反向、隐藏与外露的反向等。例如，将工艺的隐藏与外露进行反向，前者体现含蓄、雅致，后者体现大方、休闲感（图3-67）。

6. 变更设计法

手袋的变更设计法是指变换现有形态中的一项或多项构成内容，形成

图3-67 反向设计法

一种新的结果。变更设计法在手袋设计中的应用规律与反向法类似，也包括材料和五金配件、工艺特色（折边、包边、散口油边、暗缝、明缝等）。色彩等构成要素的变换，只不过反向法是站在相反的角度思考问题而已（图3-68）。

7. 联想设计法

手袋联想设计法指以某一意念展开联想，通过数次思维运作，最后定位于另一个意念的设计方法。联想设计法在手袋设计中的应用规律主要有以下两种。

（1）关联性联想思维设计。它是通过设计师把一些事物与手袋造型设计联系起来，由于两者之间存在某种关联性而思考出手袋造型来。他与仿生设计很类似，只不过仿生设计是模仿动、植物的形态而已。

（2）寓意性联想思维设计。它是通过设计师把某一事物表达的某种意义或思想内涵赋予到手袋造型设计中，从而确定出新的造型设计。这种设计主题的确定实质是事物主题之间的相互转换（图3-69）。

8. 夸张设计法

手袋的夸张设计法是把手袋原来造型进行极度夸张，从中确定最佳方案。当我们在设计手袋时，不妨把一个简单的手袋造型进行夸张想象，这种夸张既可以是夸大的，也可以是缩小的，应允许想象力把原来的造型夸张到极点，然后，根据设计要求进行修改。值得一提的是，夸张法并不改变原来手袋部件的数量，而是对其整体规格或部件规格等因素的改变（图3-70）。

9. 加减设计法

手袋的加减设计法是对手袋上必要或不必要的部分进行增加或删减，使其复杂化或简单化。当我们在设计手袋时，不必患得患失地在一开始就考虑它的最终造型，可以比较随心所欲地把注意力集中到如何去创造新款式上去，否则会因考虑过多而难以下笔，尤其是对于初学者。初稿设计完成以后，可以审查一下自己的设计是否与原来的想法相符，如果尚未达到理想效果，不妨用加减法进行调整，对其局部的零部件或细小部件进行必要的调整，从而完善整个设计。对于初学设计的人，由于实践机会不多，很容易将所学的知识一股脑儿搬用到某个款式上去，结果是结构复杂、装

图3-68 变更设计法

图3-69 联想设计法

图3-70　夸张设计法

图3-71　加减设计法

饰繁多，乱不堪言、杂不忍睹。如果在没有提高设计知识的情况下再去设计另一个款式，其结果如出一辙。此时，如果对这个款式做些必要的减法，保留一些优秀之处，也许能立刻焕发光彩，成为一个不俗的款式。对有些设计者来讲，并不能分清简洁与简单的区别，于是，在追求简洁的情况下，易使款式失之简单，甚至是简陋。此时，也许做些必要的加法，使之形成一个视觉中心，就可以使局面改观。因此，这是一种非常有实效的方法，对设计作品的调整过程，从外观上看，也只是一个加加减减的过程，但实质是美学知识与手袋设计规律的综合运用（图3-71）。

（五）鞋的设计方法

1. 鞋靴造型设计构成要素

鞋靴造型设计是对鞋靴物质构成所进行的一种形式美创造。鞋靴设计工作主要内涵便是设计师在一定条件下，针对特定的消费者，调动和运用一切鞋靴造型设计要素进行鞋靴形式的创造。鞋靴造型设计本质上是一种视觉形象设计，鞋靴视觉形象是由各种视觉要素组成的。鞋靴设计就是对鞋靴造型构成要素进行创造性的富有美感的组织和变化，赋予鞋靴以美的造型。以下对这些构成要素分别加以介绍。

（1）形态。形态在这里仅指鞋靴的形体。鞋靴形态要素在鞋靴整体造型中发挥重要作用，是整体造型的重要组成部分。鞋靴形态造型设计包括平面造型设计、立体造型设计和结构式样设计。

1）平面造型设计。鞋靴形态平面造型设计是指对鞋靴帮部件两维平面的造型设计，或者说是对帮部件的一种平面廓形设计。鞋靴形态平面造型设计不仅只是它自身的一种变化，对帮部件造型设计通常要注意以下几点。

帮部件的造型要与鞋靴整体造型风格相协调。例如，一款男正装鞋在整体造型上要求优雅、大方，楦型为加长型方铲头式，那么帮部件整体造型及分割线以方、直变化为好。

帮部件造型变化应尽量有利于帮料套裁。部件形状套裁不好，会使鞋的成本上升，进而有可能影响鞋的销售。

帮部件造型设计要注意工艺的合理性。首先，帮部件的造型要能满足工艺技术要求，如涉及跷度的帮部件造型，必须能进行样板和工艺技术上的处理。其次，帮部件造型变化应尽量减少工效（工时效率）消耗。

帮部件造型设计应具有合理的结构性，即帮部件造型变化不能影响鞋靴穿着的舒适性和牢固性。

帮部件造型设计在满足以上条件下，应具有新颖性和艺术性。帮部件的新颖性，即帮部件廓形设计应独具特色。艺术性是指帮部件按照一定秩序和形式美的构成法则进行变化、组合（图3-72）。

2）立体造型设计。鞋靴立体造型设计是指对鞋靴形态占有三维空间的一种形式构成设计。鞋靴形态立体造型设计包含两个方面。

一是指鞋靴占有三维空间的形态造型设计，也可理解为鞋靴体量特征上的造型设计。鞋靴形态造型设计一般突出表现在对鞋靴头式形态的把握，如扁方头式、厚方头式、方铲头式、扁小圆头式、厚斜方头式等。在实际生产中，鞋靴的头式形态造型由鞋楦头式形态决定，因此，行业中对某种鞋靴头式的流行，一般称之为是某种楦型流行，也即指楦头设计有特色、受欢迎。

图3-72　平面造型设计

二是指帮部件和底部件的立体构成设计，其中以帮部件立体构成设计为主。鞋帮部件立体构成是指帮部件在按照一定秩序、法则进行造型构成时，帮部件之间或单独的帮部件以某种形式占有一定的三维空间（图3-73）。

3）结构式样设计。鞋靴形态结构式样设计是指鞋靴帮面的一种组合构成式样设计。如三节头结构式样、耳式结构式样、舌式结构式样、浅口结构式样等。在鞋靴形态造型组成要素中，结构式样设计对鞋靴形态的造型效果影响较大。这是因为人们看惯了传统结构式样，设计师对这些传统结构式样进行创新或改进，自然会使人们对新的结构式样格外注意。鞋靴形态结构式样设计分为创新设计和变化设计两种，创新设计是把原有的某种结构式样进行了较大的修改，让人有耳目一新的感觉。而变化设计是把原有结构式样进行一定程度的改变，但仍以原有结构式样为主，只是在大小或装饰等方面进行一些变化（图3-74）。

（2）色彩。色彩要素在鞋靴造型设计中占有极其重要的地位，除在正装鞋设计中应用较少以外，在其他主要鞋类的设计中，色彩都发挥着重要作用。在鞋靴造型设计诸要素中，色彩给人的最初视觉印象要强于其他要素。鞋靴设计师对色彩的研究和运用是不可忽视的（图3-75）。

（3）材质。材质包括材料肌理和材料档次两层意思。材质要素在鞋靴造型设计中同样发挥着十分重要的作用。优质材料是高档鞋靴必不可少的组成部分，材质、形态和色彩是鞋靴造型设计中最重要最基本的要素。

不同材质具有不同的视觉感受和手感，可以产生不同的材质美感。例如，胎牛皮和小牛皮纹理细腻、柔软，视觉、手感都非常舒服。鳄鱼皮、鸵鸟皮等鞋面材料稀少，本身就是一种高档材料，而且纹理特殊，给人一种高贵、神秘感。在进行高档鞋设计时，这些材料运用得好，可明显增强鞋的高档效果。一些新材料往往能产生特殊的材质美感。

鞋靴造型设计要充分利用不同材料的特殊质感，根据特定的消费者、

图3-73　立体造型设计

图3-74 结构式样设计

图3-75 色彩设计

鞋类品种或特定功能需要，尽可能发挥材料特有的材质美感和功能。如为商务人士设计的高档正装鞋，帮面上选用部分鳄鱼皮或鸵鸟皮，可使鞋产生一种高贵感，前卫鞋、时装鞋选用金属效应革、漆皮革或珠光革，能表现出现代感和华丽感。休闲鞋选用亚光的油鞣革、纳帕革或无光泽的绒面革能充分表现其朴实、自然的风格（图3-76）。

（4）图案。图案元素在鞋靴造型设计中应用较广。在鞋靴造型设计中图案应用分为抽象图案和具象图案两种。其中抽象图案应用最多、最广，如在休闲鞋、旅游鞋、运动鞋、时装鞋、前卫鞋等鞋类中。具象图案多应用于童鞋中，在女鞋中也常有运用（图3-77）。

按不同标准，图案有不同的分类形式。

按构成素材分类有几何图案、传统纹样图案、动物图案和花卉图案等。几何图案可以运用于各种鞋类。传统纹样图案能使鞋靴充满一种传统文化气息，具有古典格调；动物图案最适合于童鞋设计；花卉图案既适用

图3-76　材质设计

图3-77　连续纹样设计

于童鞋，也适用于某些女鞋。

按构成形式分有独立图案和连续图案。其中独立图案分为单独图案和适合图案，单独图案是不受任何"形"的局限而独立存在的一个图案。单独图案完全可以根据需要放在鞋靴任何部位。适合图案是根据一定的"形"来进行的图案的设计和运用。如舌式鞋的前帮盖上比较适宜用适合图案做装饰。连续图案有二方连续和四方连续两种，二方连续常用于礼鞋（花式鞋）、休闲鞋和童鞋上。

按空间构成效果有平面图案和立体图案两种形式。平面图案指装饰鞋靴的图案是没有起伏的、平面的。如在鞋面上用冲孔装饰工艺做出的图案、印刷的图案等。立体图案是指占有一定空间或具有较大起伏性的图案。如鞋靴上的装饰件、运动鞋和旅游鞋鞋底"侧墙"上的立体浮雕式图案等。

按图案工艺手法分类有冲孔图案、编花图案、机绣图案、印刷图案和压印图案等。用冲孔工艺做出的图案在鞋靴产品上运用最为普遍。图案工艺手法不同，其效果也不同。

图案具有装饰和实用两种功能。在绝大多数情况下，图案在服装、床上用品、纺织面料、鞋靴等生活用品上发挥的是装饰美化功能。个别情况下，图案也具有实用功能。如商标图案具有很明确的实用性，军鞋上的迷彩图案完全是为了伪装自己、迷惑对方。鞋靴上的图案设计不是一种随意行为，应遵循一定的原则来设计和运用。

首先，图案应服从于鞋靴整体造型风格，也就是服从于特定消费对象的需要，这包括图案素材的选择、图案工艺的选择、图案形式的选择和图案空间效果的选择。如正装鞋类不可能选动物图案做素材，而童鞋则特别适合用空间效果强的动物素材立体图案。

其次，图案设计与运用应符合鞋靴材料性能、结构和加工工艺要求。

不同的制鞋材料（主要是鞋面材料）理化性能不同，冲孔图案对鞋面材料造成强度的影响，如拉伸强度、耐折强度，图案的大小、位置、形状、数量是影响鞋面材料强度的四个因素，如果冲孔图案在帮料用力部位上，由于上述某些因素的考虑不当，会使鞋帮材料强度降低，影响鞋的使用寿命。另外，由于各种材料理化性能上的差异，同样的图案设计对不同材料的强度影响不同。

图案设计要符合鞋靴结构要求是指冲孔图案的位置和形状不能影响鞋靴结构部位材料的强度，如帮围帮盖结合处、前帮跗、趾部位等。

图案设计中的工艺性要求有两方面含义，首先是设计的图案要有较好的工艺加工性，尽量便于机器加工，并且在工艺加工中不易引起材料的损坏。其次是图案设计的素材选择要符合现有的工艺加工能力，包括工艺技术能力和工艺设备能力（图3-78）。

再次，图案的设计和运用要有创新性。人们对任何事物都会产生视觉"疲劳"，经常见到的东西会熟视无睹，鞋靴上的图案同样如此，常见的图案将失去对人的吸引力。因此，设计师在图案设计和运用上要有创新意识和创新能力，包括图案本身创新和图案位置、方向、数量、色彩、工艺等用法上的创新。

最后，图案设计要具有审美性。鞋靴图案的审美性来自它的形式构成美，如对称美、呼应美、节奏美、比例美、色彩美、流行美、创新美等。

（5）工艺。鞋靴工艺有加工工艺和装饰工艺两种，通常情况下，工艺指的是加工工艺。在现代工业产品生产中，工艺不仅仅是指加工制作方法，它还应蕴含着技术美的内容。装饰工艺在鞋靴产品中往往起到画龙点睛的作用，是鞋靴产品造型美的重要组成部分。

1）加工工艺。鞋靴作为一种工业产品，存在着与其他工业品相同的工业美学内容，工艺除使产品成型以外，它还含有审美价值。工业品的工艺审美内容及价值最突出的表现就是由工艺加工所产生的精致和精巧的美感，这种美是由出色的工艺决定的。所谓产品的精美感实质就是产品的精

图3-78 图案设计符合鞋靴材料性能、结构和加工工艺要求

致和精巧性。现代工业产品无不注意工艺的精致性和精巧性，力图创造一种工艺美感。产品工艺美感已成为其审美内容的重要组成部分，缺乏工艺美感，就意味着产品粗糙，也意味着产品质量"低劣"（实际产品工艺技术参数和实用功能可能没有问题）、缺乏档次。就像评价一只瓷水杯，尽管它的生产工艺（如窑温控制、烧制时间、摆放位置等）符合要求，成品出来后，它的本质功能——即能够盛水也有所保证，但若杯底托上有毛刺或杯体上有微小砂眼，就会使产品缺少精致感，即缺少工艺美感。如果对水杯作双层设计，外层作镂空处理并配以精美图案装饰，使会使之具有很强的美感，并且增加了隔热功能（图3-79）。

从以上内容可以看出，鞋靴加工工艺美感来自鞋靴加工工艺的精确和巧妙。鞋靴产品工艺美感是在产品工艺加工上做到精致、精巧的结果，鞋靴产品工艺的精致性和精巧性是鞋靴产品整体美感不可缺少的内容，由工艺创造的这种美感是其他美的因素（如形态美、色彩美、材料美等）不可替代的。

2）装饰工艺。鞋靴装饰工艺是为增加鞋靴的形式美感和价值感而运用的一种工艺。设计师赋予鞋靴装饰工艺时应注意以下几个原则：一是装饰工艺不能对鞋材（主要是帮材料）强度有破坏性影响，否则会造成鞋靴工艺质量（核心品质）下降，影响产品实用功能，成了本末倒置的行为。二是装饰工艺手法的选择应是加强鞋靴某种造型风格，而不是背道而驰。如精致的皮凉鞋就不适宜用粗皮条进行粗犷风格的串花装饰。三是装饰工艺手法的运用要有创新性，同为冲孔装饰工艺，有常规用法和创新用法之别。创新用法可在形状、大小、位置、布局、数量、方向等方面考虑。四是装饰工艺的经济性，装饰工艺不能过于复杂而造成成本过高。对于档次

设计解读

鞋后跟TPU片延伸
设计加强运动保护

前掌腰身深度沟槽
提升运动时易弯度

鞋口运动弹力缩口
提升穿着舒适度

图3-79　鞋子的加工工艺

较低的鞋，装饰工艺尤要注意其经济性。

鞋靴帮面是鞋靴造型设计的重点部位，装饰工艺一般都以鞋靴帮面部位的装饰为主。常见的鞋靴装饰工艺有以下几种。

1）冲孔。冲孔装饰工艺手法运用比较广泛。冲孔就是用各种形状的冲子在帮面上冲出各种孔洞。冲孔装饰工艺能带来的装饰效果取决于图案的大小、位置、布局和形状。冲孔装饰工艺的传统用法是在帮部件边缘处和前包头部位规则地冲出圆孔，制造一种典雅高贵的效果。这种装饰多用于礼鞋，最典型的是燕尾包头花孔三节头鞋上的冲孔装饰。目前其他鞋类、其他部位上的冲孔装饰也很常见，如凉鞋和休闲鞋等（图3-80）。

2）编花。编花装饰工艺是指用皮条编织出各种装饰花纹的装饰手法。编花装饰工艺手法富有立体感，具有较强的装饰美化作用，是一种常用装饰工艺手法。这种装饰手法多应用于凉鞋、休闲鞋。影响编花装饰效果的因素主要有编花形式是否有创新性，编花形状、编花数量和编花的位置等（图3-81）。

3）缉线。缉线装饰有两种，一种是纯装饰的缉线，它的意义很明确，就是使鞋靴造型更新颖、更美观；另一种是既有装饰作用，又有缝合作用的缉线。缉线装饰手法在休闲鞋、童鞋中运用较广。缉线装饰使鞋产生一种轻松、活泼的视觉效果。缉线装饰效果如何取决于缉线形式手法是否有新意，缉线颜色是否符合和有助于加强鞋靴造型风格，缉线图形和缉线位置是否有新意等（图3-82）。

4）穿花。穿花装饰工艺是用条带在鞋帮上穿插出各种花纹的一种装饰工艺手法。穿花装饰工艺适宜于休闲鞋、凉鞋、童鞋等鞋类。穿花用的条带通常与鞋面材料相同。条带宽窄、穿进位置、穿入多少和穿出的形状都影响穿花装饰效果。宽条带显得大方、新颖、洒脱；细条带显得优雅、

图3-80　冲孔工艺

图3-81　编花工艺

图3-82 辑线工艺

飘逸；宽、细条带组合使用则显得富有变化（图3-83）。

5）镂空。镂空装饰工艺是对鞋面材料按照一定的图案设计对帮面进行较大面积的镂空。这种镂空适宜用刀模进行。镂空装饰工艺适用于中筒靴和高筒靴，这种装饰工艺富有工艺美感，如果镂空图案设计得好，位置、布局新颖，做出的靴鞋将很有艺术性和工艺美感（图3-84）。

6）缝梗。缝梗也叫起梗，是运用较多的一种装饰工艺手法，一般有两种方法：一种是直接对缝，多见于不加鞋里、皮料较厚（15~20mm）的休闲鞋。另一种是在帮面材料中缝入绳子来起梗，常用于有鞋盖的休闲鞋（图3-85）。

7）压印。压印装饰工艺是指通过模具辊压出图案花型的装饰手法。这种装饰手法能使鞋面材料富有立体感。压印工艺使用的位置、面积、形状、颜色等都对鞋靴装饰效果有较大影响（图3-86）。

8）印刷。印刷装饰工艺是指将有特定装饰意义的图案、文字、标志等直接印制在鞋面的适当位置，或者直接采用已印刷好装饰图案的鞋面材料，以取得装饰效果（图3-87）。

9）绗缝。绗缝装饰工艺是将面材、夹料（晴纶、海棉等）和里材用针线绗缝在一起而形成一种有立体感的装饰工艺（图3-88）。

（6）配件。鞋靴上的配件分为两种，一种是装饰配件，也叫装饰件，在鞋靴上起装饰美化作用；另一种是功能配件，如鞋眼圈、铆钉、拉链、鞋带等。从鞋靴款式角度看，它们同样能发挥装饰美化作用，因此也可以看作是鞋靴造型设计组成部分之一。

配件对于鞋靴造型设计有较大作用，有时甚至是鞋款设计中的主要组成部分。

配件包罗万象，有专用配件，如横条，更多的是非专用配件，如标志、珠子、金属件、盘花、纽扣、羽毛、树叶、小木片、动物骨骼等。

配件设计运用要注意以下几点。

1）配件的造型、质地和色彩要符合鞋靴造型总体风格，真正起到画龙点睛的作用，是对主题风格恰当、有力的诠释（图3-89）。

2）配件设计运用要有创新性。在鞋靴造型构成诸要素中，配件有时发挥着重要作用。晚礼鞋设计中华丽的装饰配件在这款鞋中的作用举足轻

图3-83　穿花工艺

图3-84　镂空工艺

图3-85　缝梗工艺

图3-86　压印工艺

图3-87　印刷工艺

图3-88　绗缝工艺

图3-89　配件的造型

重，如果没有这些装饰配件，晚礼鞋的性质、效果就基本失去了。

另外，除了对配件造型、色彩和材质的创新设计运用，设计师对配件的创新设计还表现在对配件的数量、角度、位置等影响设计效果的关系因素的运用上（图3-90）。

配件材质及档次要与鞋面材料相一致，这就好比"好马配好鞍"，高档的鳄鱼皮、胎牛皮若配以塑料配件会很不协调。另外，在低档次鞋上使用高档配件，从经济角度考虑也明显不妥（图3-91）。

2. 鞋靴造型设计形式构成法则

形式美的产生源自于人们长期的生产、生活实践，形式美构成法则是人们对事物形式美构成规律的总结。研究形式美构成法则，是为了提高对事物形式美的把握和创造能力，以便更好地运用鞋靴造型要素创造出更具美感和个性的鞋靴产品。

鞋靴造型设计形式构成法则主要有对比法则、对称法则、均衡法则、呼应法则、节奏法则、协调法则、重复法则和夸张法则等。下面分别加以介绍。

（1）对比法则。形式美中的对比指形态、色彩、肌理、大小、明暗、虚实等形式因素在性质上存在较大差距，这种差距使形式构成呈现出一种对比强烈、鲜明、活泼的效果，是鞋靴造型设计中常用的一种形式构成法则，多用于童鞋、旅游鞋、运动鞋、时装鞋、前卫鞋等鞋类中（图3-92）。

鞋靴造型设计中，形式对比法则主要表现为以下几个方面。

1）色彩对比。色彩对比在鞋靴造型设计中运用较多，尤其在童鞋、运

图3-90　配件运用的创新性

图3-91　配件材质及档次与鞋面材料相一致

图3-92　鞋子形式美中的对比法则

动鞋中运用最普遍。色彩对比一般表现在色相对比（冷色相与暖色相）、纯度对比（灰色与高纯度色）、明度对比（亮色与暗色）和无彩色系的黑白对比（图3-93）。

　　2）材质对比。材质在造型设计中指一种质感或肌理。材料肌理在鞋靴设计中常发挥重要的审美作用，肌理实质是材料表面组织结构的特征。根据经验，人们对不同肌理会产生不同的心理感受，如漆革的光滑，给人以现代感，绒面革肌理给人以温和、含蓄的感觉等。这些材质穿插使用会有别致的效果（图3-94）。

另外，材质对比还有性质上的对比，即不同材料在一起的对比，如皮革与金属、皮革与塑料、皮革与棉麻、皮革与木头等。

3）形态对比。形态对比在鞋靴设计中主要以图案和线形在大小、方圆、疏密、曲直、长短、粗细、横竖等方面的对比（图3-95）。

（2）对称法则。对称是指形态、图案、色彩等因素在物体对称轴两侧或中心点四周，以完全对等的面貌出现。人们对对称美的欣赏是因为对称在自然界中意味着圆满和完整。对称具有稳定、完整、庄严的感觉。由于人的单脚在形体上不对称，反映在鞋的形态上是无法产生严格意义的对称，鞋靴在体量上无法做到两侧对称，但在局部部位的样板设计和制取上是对称的，如鞋舌、包头、鞋耳、后包跟等（图3-96）。

根据日常经验，虽然鞋的形体不是严格对称，但只要鞋耳等在背中线两侧相等，人们就感觉是对称的。实际上，人们很少从正前方角度观察

图3-93　色彩对比

图3-94　材质对比

图3-95　形态对比

图3-96　对称法则

鞋，因此，除非在结构、图案、色彩等方面有大的变化，否则人们对鞋的对称性并不敏感。

（3）均衡。均衡是指形态、图案、色彩等因素在物体对称轴两侧或中心点四周的形状、大小、数量、位置等因素有一定变化，但总体上看这些因素给人在视觉、心理上的感觉是平衡的。在鞋靴造型构成中，均衡形式一般是通过下列几个方面来体现。

1）鞋帮部件的形状、大小、数量构成鞋靴上的一种均衡，一般外侧部件较大且多。

2）装饰工艺表现的数量、位置构成鞋靴上的一种均衡。

3）色彩、造型的强弱、大小构成鞋靴上的一种均衡（图3-97）。

（4）呼应。事物在一定空间里存有一种相互联系、相互照应的关系，称之为呼应。呼应表现在鞋靴造型上是某种造型要素不是一种孤立的存在，而是在同一只鞋上出现相同或相似的造型要素。这种呼应在鞋靴造型设计中通常表现为色彩呼应、材质呼应、形态呼应、图案呼应和装饰工艺的呼应。

呼应法则在实际应用中要注意两点：一是呼应双方要保持一定距离，比较好的呼应位置安排一般是在鞋靴的两端，如前包头与后包跟或是靴靿的口沿处和靴底部的呼应，也可以是中间位置与鞋靴四边的某一位置呼应。二是呼应双方在大小方面要拉开距离，这样视觉上有变化，感觉会更好（图3-98）。

图3-97 均衡法则

图3-98 呼应法则

（5）节奏。节奏原本为音乐的专用名词，是音乐的构成要素之一。这种有规律、反复出现的形式同样存在于其他事物和艺术门类中。因此它也经常被用于其他艺术门类的形式构成原则中。

节奏是指事物的构成因素在大与小、强与弱、轻与重、多与少、长与短、虚与实、明与暗、硬与软、曲与直等方面有规律和有秩序的变化。鞋靴造型设计中的节奏主要是通过构成要素的形态（点、线、面）和色彩在大小、强弱、多少、明暗、长短、曲直等方面有规律、有秩序的变化来形成。

节奏形式法则能使鞋靴款式显得活泼有动感，因此，节奏形式法则适合于童鞋、运动鞋、休闲鞋等鞋类（图3-99）。

（6）谐调。谐调是指事物间的一种和谐状态。反映在鞋靴造型设计上，是形态（点、线、面、体）、色彩、图案保持一种相似关系。例如，舌式鞋前帮盖前面造型与鞋楦头式造型的谐调，浅口鞋口门前的造型与鞋楦头式的谐调。

通常情况下，鞋靴造型设计中的协调有以下几方面。

1）整体与局部谐调。如帮部件造型与鞋靴整体造型的谐调，配件造型与鞋靴整体造型的谐调，图案（形）与鞋靴整体造型的谐调。

2）形态局部与局部谐调。如运动鞋、旅游鞋、休闲鞋等鞋类部件间的造型经常需要一种谐调。有时配件造型也与帮部件构成一种谐调。

3）色彩的谐调。在休闲鞋中色彩协调法则运用最广，一般多为咖啡色系的谐调（图3-100）。

图3-99　节奏法则

图3-100　谐调法则

（7）夸张。夸张是指设计师发挥其想象力，对鞋靴进行一种超乎寻常的设计，以增强视觉冲击力。夸张形式构成法则常用于前卫鞋、时装鞋。夸张设计多表现在对形态（集中于鞋靴头式造型、鞋跟造型）、图案和配件等要素的运用。夸张法则运用应注意不能对鞋靴实用功能造成影响，要在对使用、经济、工艺等各方面因素综合考虑下进行适当的夸张（图3-101）。

（8）强调。强调形式构成法则是设计师运用一定方法强化某个部位使之成为视觉中心，以达到一种功能目的。在鞋靴设计中强调法则运用多为了强调品牌、标志的突出。一般表现手法是将品牌标志作为一个"点"，其余部分是面和线，为了提高这个"点"（品牌标志）的视觉吸引力，将"点"周围表面处理简洁，然后再将"点"的形状、色相、明度、纯度、质感与周围环境拉大，使之产生对比反衬效果，从而达到使"点"鲜明、突出的效果（图3-102）。

（9）流行。鞋靴流行性主要表现在外观造型上。流行的形式内容主要有鞋靴头式（楦头造型）、材料（肌理、质地、纹样）、结构式样、色彩等。鞋靴设计流行法则是对鞋靴造型中某种要素流行倾向的把握，鞋靴设计师将这种流行趋势，表现到设计的鞋款中（图3-103）。

（10）创新。鞋靴造型设计形式构成法则中的创新法则是最高法则。没有创新，设计将不复存在，创新使造型设计有了更高价值。创新法则离不开对其他形式法则的运用。

图3-101　夸张法则

图3-102　强调法则

图3-103　流行法则

当然，鞋靴设计创新是在一定条件下，针对特定的对象的创新，否则，它是无意义的创新（图3-104）。

本章总结

本章节主要介绍了鞋靴造型设计的构成要素，包括形态、色彩、材质和图案形、工艺和形式美法则。这些要素在鞋靴设计中起着至关重要的作用，它们共同决定了鞋靴的外观和风格。

首先，形态是鞋靴整体造型的重要组成部分，包括平面造型设计和立体造型设计。平面造型设计涉及到帮部件的廓形变化，而立体造型设计则涉及到鞋靴的头式形态和帮部件的立体构成。结构式样设计则是指鞋靴帮面的组合构成式样，对鞋靴的造型效果有很大影响。

其次，色彩在鞋靴设计中也具有重要作用，是人们最先注意到的造型要素。设计师需要合理运用色彩，以增强鞋靴的美感和吸引力。

材质也是鞋靴造型设计的重要元素之一，不同的材质可以产生不同的视觉感受和手感，对鞋靴的美感有很大影响。设计师需要根据特定消费者和鞋类品种的需求，选择合适的材质，以展现出最佳的材质美感。

图案形在鞋靴设计中也有广泛应用，包括抽象图案和具象图案。抽象图案应用最多、最广，具象图案则多应用于童鞋等特定类型的鞋类。合理的图案运用可以增加鞋靴的多样性和美观性。

最后，强调了在鞋靴造型设计中，多种形式构成法则共同作用，以创造美观实用的鞋靴。其中，形态对比法则通过图案、线形等方面的对比，增强鞋靴的层次感和动态感；对称法则利用形态、图案、色彩等要素在物体对称轴两侧或中心点四周的对称，给人以圆满和完整的美感。

教学重点

（1）鞋子的形状设计：如何根据不同用途和场合设计出符合人体工学原理的鞋型，同时兼顾美观和实用性。

（2）鞋子的材质选择：如何选择适合不同用途和场合的材料，如何将不同材料进行组合和处理，使鞋子更加美观、舒适和耐用。

（3）鞋子的细节设计：如何在鞋子的细节上下功夫，如何运用不同的纹理、色彩、图案等元素，使鞋子更具有时尚感和个性化。

图3-104　创新法则

（4）鞋子的技术应用：如何运用新的技术，如3D打印和VR模拟等技术，实现鞋子的优化和完善，同时如何保障技术应用与鞋子设计的完美融合。

教学难点

本章教学难点在于如何从一个抽象的设计概念出发，通过多种技术手段解决鞋子造型设计中的难点和问题，并最终呈现出一款符合人体工学、美观、实用、时尚等要求的独特鞋款。同时，还需考虑如何将文化和时尚元素融合在鞋子设计中，提升其独特性和吸引力。

课后作业

（1）课堂练习。

设计一双鞋靴，运用形态对比法则，并简要说明设计思路。

大小对比：在鞋子的设计中，运用大小对比，突出鞋子的层次感和动态感。例如，鞋面的装饰物可以有大有小，形成对比，使鞋子更加生动有趣。

曲直对比：鞋子的线条可以采用曲直对比，使鞋子更加立体。例如，鞋面的线条可以采用曲线设计，而鞋底的线条则采用直线设计，形成曲直对比，突出鞋子的立体感。

长短对比：鞋子的长度和宽度可以采用长短对比，使鞋子更加修长。例如，鞋子的长度可以略长于宽度，形成长短对比，突出鞋子的修长感。

（2）根据上述实践练习，请说明在设计过程中如何遵循了形态对比法则。

思考拓展

（1）如何设计出独特而又实用的鞋子造型，让它们能够符合不同人群的需求和喜好？

（2）如何在鞋子造型设计中融入新的技术，例如，3D打印和VR模拟，以及如何利用这些技术进行优化和完善？

（3）在鞋子造型设计中，如何将文化元素和时尚元素融合在一起，使其更具有吸引力和独特性？例如，如何将蕾丝、刺绣、传统图案等元素融入现代鞋子设计中？

课程资源链接

课件

第四章　服饰配件的设计实践

第一节　服饰配件设计实践的基本材料

（1）织物类：织物类是创作服饰配件的主要材料，如丝绸、棉、麻、毛织物等。不同的织物质地、手感和颜色可以给服饰配件带来不同的特点和风格。

（2）皮革类：用于制作皮带、手提包、鞋子等服饰配件。皮革材料有不同的厚度、质地和颜色可供选择（图4-1）。

（3）金属类：如金、银、铜、铁等。金属材料可以用于制作饰品的金属配饰，如项链、手镯、耳环等。金属材料还可以用于制作服饰上的装饰物，如纽扣、钩子等。

（4）珠宝类：如宝石、珍珠、水晶等。珠宝可以用于制作各种饰品，如项链、手链、戒指等。不同的珠宝材料有不同的光泽和色彩，可以带来不同的视觉效果。

（5）塑料类：透明或有色的塑料材料可以用来制作各种小饰品，如耳环、发饰等。塑料材料可塑性强，能够制做出各种形状和颜色的饰品（图4-2）。

图4-1　皮革、金属、珠宝材料应用

图4-2　塑料、线绳类材料应用

（6）线绳类：用于制作手链、项链等各种饰品。线绳材料有各种颜色和质地可供选择，可以与其他材料结合创作出独特的饰品。

此外，还有各种辅助材料和工具，如针线、胶水、扣子、拉链等。这些材料和工具在服饰配件设计实践中起到连接、固定和装饰的作用。

第二节　服饰配件设计实践的基本工艺

服饰配件设计实现的基本工艺包括以下几个方面。

（1）剪裁：根据设计图纸或样板，将布料、皮革等材料按照尺寸剪裁成相应的形状和尺寸。

（2）缝制：使用缝纫机或手工针线将剪裁好的材料进行缝制，包括拼接、对接、修补、折边等步骤，以完成服装或饰品的基本形状（图4-3）。

（3）打版：根据设计需求，制作服装的模板，称为打版。打版需要考虑服装的剪裁、曲线和比例等因素，以确保最终的成衣效果符合设计师的意图。

（4）着色：通过染色、印花、绣花等技术手段，为服装或饰品上色，以增加美观性和装饰效果。

（5）打结：利用不同的打结技术和系带方法，将绳、线等材料结合在一起，形成各种饰品，如项链、手链、发饰等（图4-4）。

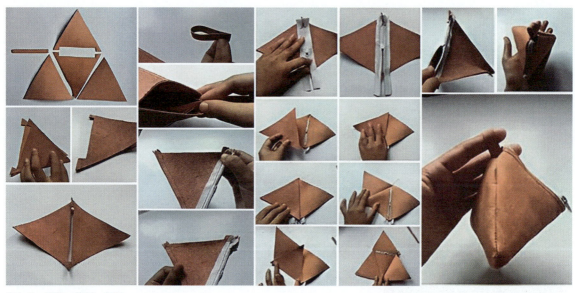

图4-3　裁剪、缝制、打版

图4-4　着色、打结、雕刻、粘贴

（6）雕刻/雕花：对于皮革等材料，可以使用刀具或烫铁等工具进行雕刻或雕花，以增加饰品的纹理和装饰效果。

（7）粘贴：利用胶水、热熔胶等黏合剂，将不同的材料粘贴在一起，以完成饰品的组合和装饰。

（8）完工：对制作好的服装或饰品进行整理、检查，补做可能存在的缺陷，以确保最终的成品质量。

以上是服饰设计实现的一些基本工艺，具体工艺步骤会因为不同的设计需求和材料特性而有所差异。

第三节　服饰配件设计创新型实现方法

服饰配件设计的创新型实现方法主要包括以下几个方面。

（1）材料创新：通过使用新型的材料或将传统材料进行改良，达到新颖的效果。例如，利用科技纤维、可降解材料、智能材料等进行实验和应用，为服装增加新的功能和特性（图4-5）。

（2）技术创新：运用新的工艺和技术手段，提高服装的制作效率和质量，并创造出全新的设计表现方式。例如，利用3D打印、数字化剪裁、智能制造等技术，实现复杂的结构和个性化的设计（图4-6）。

（3）设计理念创新：通过对时尚潮流、社会变化、文化融合等方面的观察和思考，寻找新的设计灵感和理念。例如，将环保、可持续发展等概念融入服装设计中，推动时尚产业向更加可持续和环保的方向发展。

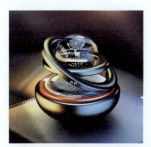

图4-5　科技纤维、智能材料、可降解材料

图4-6　3D打印、数字化剪裁、智能制造技术

（4）创意构思创新：尝试突破传统的设计思路和方式，开拓新的领域和风格。可以通过与其他设计领域的交叉合作，融入不同的艺术元素和设计元素，创造出独特的服饰配件设计（图4-7）。

（5）用户参与创新：通过与消费者的互动和参与，了解他们的需求和喜好，设计符合其个性化和多样化需求的服装。例如，进行用户调研、开展众筹活动、进行定制化设计等方式，增强消费者的参与感和满意度（图4-8）。

以上是一些创新型的服饰配件设计实现方法，通过不断地探索和创新，可以为服装设计师带来更多的灵感和机遇，推动时尚产业向前发展。

图4-7　创意构思创新

图4-8　用户参与创新

本章总结

在本章中，我们深入探讨了服饰配件的设计实现，从基本材料的选择到工艺的运用，再到创新型实现方法，都为设计提供了宝贵的实践指导。

首先，了解服饰配件设计实践中使用的各种材料。织物、皮革、金属、珠宝、塑料和线绳等，每一种材料都有其独特的质感和特性，为设计师提供了丰富的选择。同时，也了解一些辅助材料和工具，如针线、胶水、扣子、拉链等，它们在服饰配件设计中起关键作用。

其次，深入学习服饰配件设计实现的基本工艺。从剪裁、缝制、打版、着色、打结、雕刻/雕花到粘贴和完工，每一步工艺都对最终的设计效果产生影响。通过这些工艺，设计师能够将创意转化为实物，呈现给消费者。

最后，探讨服饰配件设计的创新型实现方法。通过材料创新、技术创新、设计理念创新、创意构思创新和用户参与创新等手段，设计师可以在传统的基础上突破局限，创造出更具有个性化和吸引力的设计。

本章提供服饰配件设计的全面指导，从材料选择到工艺运用，再到创新方法的探索，都为实践提供宝贵的参考。通过不断地实践和创新，提高设计能力，创造出更多优秀的服饰配件作品。

教学重点

（1）服饰配件设计创新的概念和意义。

（2）材料创新、技术创新、设计理念创新、创意构思创新、用户参与创新这五种创新型实现方法。

（3）实现方法在服饰配件设计中的应用和实例。

（4）创新思维在服饰配件设计中的重要性。

教学难点

（1）如何引导学生思考并产生创新灵感。

（2）如何通过实践活动提高学生的创新能力和实践技巧。

（3）如何将创新理念以及五种创新型实现方法融入实际的服饰设计。

（4）如何培养学生从多个视角思考服饰配件设计，并将设计与现代社会的需求和发展趋势紧密结合。

课后作业

设计一款运动休闲服装品牌标志，以及一款女款运动包设计。

要求

（1）标志设计应具有品牌特色，简洁明了，易于记忆。

（2）包的设计应基于标志，设计男女款两种样式，风格可以是清新、运动、休闲等方向。

（3）包的设计需要考虑不同身材和喜好的用户。

（4）设计中需要考虑色彩、图案、字体等设计要素。

（5）设计应该遵循基本的包的设计原则，提高适用性和商业性。

（6）提供设计图与效果图，并说明设计理念、灵感和意图。

注：可以使用任何设计工具，如Photoshop（计算机图片处理软件）、Illustrator（计算机图片处理软件）等。

思考拓展

从以下五个方面讲述服饰设计创新的实现方法及相关实例：

（1）材料创新；

（2）技术创新；

（3）设计理念创新；

（4）创意构思创新；

（5）用户参与创新。

请选取其中一个实现方法，结合实例进行详细分析，并说明创新思维对于该实现方法的重要性。

要求：不少于500字。

提示：可以参考近年来流行的服饰设计，如抗菌面料、智能可穿戴等，分析这些设计中涉及的实现方法和创新思维的运用。

课程资源链接

课件

第三部分

项目解析

第五章 项目一 丝巾设计项目

"蝶变"主题丝巾及文创产品设计项目

教学目标

（1）了解蝶的象征意义和文化内涵：学习蝶在不同文化中的象征意义和寓意，了解蝶的形象和特点。

（2）掌握丝巾设计的基本原理和技巧：学习丝巾设计的基本原理，包括线条、形状、色彩、对称性等，了解不同元素和构图方式在丝巾设计中的应用。

（3）创意构思和设计能力的培养：培养学生的创意思维和设计能力，能够将蝶的形象和寓意融入丝巾设计中，以展示独特的创意和艺术表达。

（4）色彩搭配和配色技巧的掌握：学习色彩的基本原理和配色技巧，了解不同色彩组合的效果和表达方式，能够选择适合的色彩搭配来表达设计主题和情感。

（5）手绘和电脑绘图技巧的应用：掌握手绘和电脑绘图的基本技巧，以便将设计想法转化为丝巾图案，并能够使用相关软件进行设计和编辑。

通过以上教学目标的达成，学生可以在"蝶变"主题丝巾及文创产品设计项目中，获得丝巾设计和文创产品设计的基本知识和技能，培养创意思维和设计能力，以及对丝绸文化和市场需求的理解，从而创作出具有艺术价值和市场竞争力的作品。

项目导入

改革开放四十多年，我国走出了一条具有特色的创新驱动发展之路，随着科学技术的迅猛发展，随之浮现的生态问题也不容小觑。现代工业生产的急剧增长，环境污染日益成为全球性的问题。科学技术是一把双刃剑，它一方面为创造人类的幸福提供了空前无限的能力和广阔美好的前景；另一方面又为破坏人类生存环境，提供了可能，给人类的未来笼罩上阴影。

杭州诗季宝数码科技有限公司设计部基于这种思考计划开发一款"蝶变"主题丝巾及文创产品设计作品，设计任务交给了公司设计师陆晓聪。公司认为，从细致华丽的丝巾来入手，衍生一个具有想象力、梦幻，同时有历史感的文创系列作品，告诉人们警惕科技的甜美陷阱，不要只享受眼前科技的便利而没有长远的眼光，不审视科技与自然的关系。希望人们能从作品中传达出动物与工业、自然与工业、人类与工业的连锁思考，用其中尖锐的矛盾、相互的结合来提醒现代社会的我们对于赖以生存的环境的珍视。

任务一 项目分析与调研

任务导入

　　设计总监孔雀走进纹样设计室，面带微笑地向陆晓聪设计师打招呼。他们拿出一本关于蝴蝶的书籍，放在桌上，并开始讲述一个关于蝴蝶的故事。

　　"我今天给你带来了一个特殊的设计项目，主题是"蝶变"。工业化和城市化的快速发展为经济和社会带来了许多好处，但同时也带来了严重的环境污染问题。我们想通过丝巾及文创产品设计，警示人们要认识到空气污染、水污染和土壤污染等问题。这些不仅会导致人们患上各种呼吸系统和消化系统疾病，还会破坏生态平衡，影响生物多样性。蝴蝶是一种美丽而神奇的生物，它们经历了从幼虫到蛹再到成虫的蜕变过程，象征着变化和成长。我们希望通过这个主题设计出独特而美丽的丝巾和文创产品，展现蝴蝶的优雅和多样性。"孔总监停顿了一下，让陆晓聪思考和感受这个主题。然后，他继续说道："在设计过程中，我希望你能够充分发挥自己的创意和想象力，将蝴蝶的元素融入设计中。可以从蝴蝶的翅膀纹理、色彩和形状等方面入手，创造出独特的纹样设计。同时，我们也可以考虑将蝴蝶的蜕变过程和象征意义融入产品的设计中，让人们在使用我们的产品时感受到蝴蝶的美丽和力量。最后，希望你能够全情投入到这个项目中，发挥自己的才华和创造力。你的设计将会成为公司的一张名片，代表着我们的品牌形象和创意能力。我相信，通过你的努力和创意，能够设计出令人瞩目的丝巾和文创产品，为公司带来更多的成功和成就。"

　　陆晓聪设计师充满激情和动力，开始思考和讨论如何将蝴蝶的美丽和蜕变融入设计中。他相信，在这个充满创意和挑战的项目中，他能够创造出令人惊艳的作品。

知识要点

　　以工业时代生态环境为"蝶变"主题的丝巾，需要掌握以下知识要点。

　　（1）了解工业革命的发展过程、工业化对环境的影响以及环境保护的重要性。

　　（2）了解生态环境保护的基本概念，包括减少污染、节约资源、保护生物多样性等。

（3）掌握纹样设计的基本原则，如对比、平衡、重复、节奏等，以确保设计的美观。

（4）了解色彩的基本原理和搭配规则，选择适合工业时代和生态环境主题的色彩组合，以表达设计的意义和情感。

（5）了解丝巾的印染技术和工艺，以确保设计能够在丝巾上得到准确和精美的呈现。

（6）了解目标市场的需求和趋势，通过市场调研和分析，确定设计的定位和特点，以满足消费者的需求和喜好。

任务实施

一、项目分析

"蝶变"主题丝巾设计为了给人一种丰满、完整、柔软和内聚的感觉。纹样造型上运用了玫瑰、桔梗、小苍兰、非洲菊等欧式花卉纹样并以复合的形式出现，中心及外框良苕纹样采用最经典的C形、S形和涡旋状组合，同时，运用非对称的形式，呈现出富有动感的自由奔放而又纤细美丽、轻巧飘逸的样式，蜘蛛网、芯片、外框都以造型艺术的最基本语言形式点线面表现，具有很强的概括性。

为了达到后现代主义美学特征，丝巾纹样用写实的线描技法描绘花朵外形及明暗面。主体蝴蝶、蜘蛛采用装饰画形式表现，用点线面的手法更程式化，强调节奏和韵律的表达，修饰主体的几何形的齿轮来带现代感，时尚感。

为了彰显古典与现代文化元素的差异和交融，设计中融入了自然与科技的交融、过去与未来的碰撞、现实与想象的交汇。复古的莨苕纹边框作为设计元素，巧妙地展现了工业革命时代的风貌。同时，蝴蝶与蜘蛛的形象与机械齿轮、钟表等元素相互结合，机械装置作为蒸汽朋克、赛博朋克的标志性元素，为设计增添了独特的魅力。背景中巧妙地运用了废弃芯片元素，生动地展现了现代社会科技高度发展所呈现的面貌。

二、项目调研

（1）工业时代的纹理和色彩。可以参考废旧工厂的纹理和色彩，如铁锈、砖墙、铁皮等。这些素材可以用于丝巾的背景或图案设计，营造出工业时代的氛围。

（2）蒸汽朋克美学的机械元素。可以使用齿轮、钟表、蒸汽机等机械元素作为丝巾的图案设计。这些元素可以表现出蒸汽朋克美学的特点，增加丝巾的独特性。

（3）赛博朋克美学的元素。可以使用芯片、电路板、金属蜘蛛等赛博朋克美学的元素作为丝巾的图案设计。这些元素可以增加丝巾的未来感和科技感。

（4）维多利亚美学的华丽和复古感。可以使用蝴蝶、非洲菊、洋桔梗等维多利亚美学的元素作为丝巾的纹样设计。这些元素可以增加丝巾的华

图5-1　丝巾设计素材调研

丽感和复古感。

　　陆晓聪在调研素材时，通过搜索相关的图片、参考设计师的作品、观察市场上已有的类似产品等方式来获取灵感和素材。同时，也参考了相关的艺术品、电影、文学作品等来获取了更多的设计灵感（图5-1）。

任务二　设计元素的表现

任务导入

　　陆晓聪设计师首先进行了素材调研，寻找了与工业时代生态环境相关的图案和元素。他调研了一些废旧工厂的照片，其中有铁锈、砖墙、铁皮等纹理和色彩，这些可以用于丝巾的背景设计。此外，他还找到了一些关于环境保护的图片，如绿色植物、清澈的河流等，可以用于丝巾的图案设计。基于这些素材，陆晓聪开始手绘丝巾的图案。他决定将废旧工厂的纹理和色彩与环境保护的元素结合起来，以表达出工业时代生态环境的矛盾和关注。他设计了一个纹样，将废旧工厂的纹理作为背景，然后在上面添加了金属蜘蛛和花卉植物，形成了一个对比鲜明的丝巾纹样。

知识要点

　　"蝶变"主题的丝巾设计元素的手绘和计算机辅助设计知识点包括以下内容。

　　（1）了解基本的素描、色彩、构图等手绘技巧，能够准确地表达出蝶变主题的造型特征。

　　（2）了解工业时代对生态环境的影响，包括空气和水污染，以及生态保护的重要性。

（3）研究蝶的形态、翅膀纹理、颜色等特征，能够准确地描绘出蝶的形象。

（4）了解工业时代的机械设备、工业产品等元素，能够将这些元素与蝶的形象有机结合。

（5）掌握纹样设计的基本原则，能够将蝶和工业元素进行创意组合，设计出独特的图案。

（6）熟练使用计算机图片处理软件（Photoshop、Illustrator），能够将手绘的元素进行数字化处理和编辑，制作出高质量的丝巾设计稿。

（7）了解丝巾印花的工艺和技术，包括传统的手工印花和现代的数码印花技术，能够选择适合蝶变主题的印花技术，并进行相应的设计调整。

任务实施

一、设计素材的手绘表现

设计灵感及素材调研完成之后，陆晓聪就开始进行设计元素的表现。他首先使用铅笔工具对花卉元素进行表现，用线条准确地表现出花卉的造型特征、起伏关系、前后关系，以及线条一波三折的美感。在花卉体积的塑造方面，他适当使用明暗表现的方法，在花卉、工业齿轮和蝴蝶的组合表现过程中，考虑三者之间的造型和表现手法的和谐与统一（图5-2）。

二、计算机辅助线稿绘画

陆晓聪打开计算机图片处理软件（Photoshop）绘图软件，创建了一个新的画布，确定画布的尺寸和200以上的分辨率。使用绘图工具，在画布上绘制花卉和机械蝴蝶的基本形状，可以使用直线、曲线、圆形等基本形状工具。根据手绘花稿，使用绘图工具添加花卉和机械蝴蝶的细节和纹理。在基本形状和细节的基础上，进一步完善细节和构图，确保设计的美观，再将设计导出为适当的文件格式，如JPEG、PNG等，保存设计文件以备后续使用（图5-3、图5-4）。

图5-2　设计素材的手绘表现

图5-3 设计素材的计算机辅助线稿绘画

图5-4 设计素材的计算机辅助线稿完成

任务三 计算机辅助纹样色彩设计

任务导入

陆晓聪坐在公司设计室的电脑前，眼神专注地自己的手绘作品。看着这些工业时代生态环境下的设计素材纹样，感叹工业化进程带来的环境污染、生态系统破坏对人类的危害。然而，"他"看到了一线希望，那就是人们对于环境保护的日益重视和行动。陆晓聪深深地吸了一口气，决定将这个"蝶变"主题的纹样色彩设计更加富有意义。他相信，金色的蝴蝶作为生态系统中的重要指示物种，能够象征着环境的变化和生态的复苏。他希望通过这个设计，能够唤起人们对于环境保护的意识，激发他们积极参与到环境保护中来。陆晓聪开始思考如何利用计算机辅助设计来实现这个目标。他打开了设计软件，将完成的一张蝴蝶线稿作为基础素材。然后，他开始对线稿进行着色，使用软件中的工具调整蝴蝶的形状和颜色，使其更加艺术化和富有创意。

任务实施

1. 机械蝴蝶与花卉的设色
基于工业时代生态环境思考下的丝巾文创产品设计主调是以勘萨金属色、杨桃黄、日落黄、黑色为主色调，其中又以棕褐色、白墨色、月桂叶色、鼠尾草叶色等颜色为点缀色，高明度低纯度对比色碰撞出一种奢华、优雅、叛逆感。色彩搭配符合当时的色彩流行趋势（图5-5）。

2. 丝巾外框及内部圆形花环的色彩设计
外框设计为黑色底色，可以给整个设计增加一种高贵、稳重的感觉。黑色突出金色花环的亮度和华丽感。金色花环可以在黑色底色上形成鲜明的对比，给整个设计增添一种奢华和光彩。金色象征着财富、荣耀和成功，突出丝巾的高贵和华丽感，同时也能够与"蝶变"纹样主题相呼应（图5-6）。

3. 纹样细节的刻画
首先将选定的参考图像导入到Photoshop软件中，使用"文件"菜单中的"打开"选项来导入图像。然后在图层面板中点击"新建图层"按钮，创建一个新的图层用于绘制细节。选择画笔工具，调整画笔的大小和硬度，开始绘制细节。使用矩形选框工具、椭圆选框工具等不同的画笔形状和笔刷效果来模拟花瓣、叶子、线条等细节。使用选区工具创建选区，然后使用填充工具或渐变工具填充选区，以添加颜色和纹理。在图层面板中选择图层，然后点击"图层样式"按钮，可以添加阴影、描边、渐变等效果，增强细节的立体感和质感。在菜单栏中选择"滤镜"选项，使用模糊、锐化、扭曲等各种滤镜效果来调整细节的外观。使用"图像调整"选项可以对图像的亮度、对比度、饱和度等进行调整，使细节更加鲜明。最后保存和导出，完成细节刻画后，点击"文件"菜单中的"保存"选项，将文件保存为PSD格式，以便后续编辑。选择"文件"菜单中的"导出"选项，也可以导出为其他格式（如JPEG、PNG）（图5-7）。

4. 纹样调整完成
（1）调整位置和大小：使用移动工具和变换工具，将花卉、机械蝴蝶、金属蜘蛛等设计元素调整到丝巾中心部分，将装饰花环、画框设计到外围合适位置。可以通过拖动图层或者使用箭头键微调位置，使用变换工具调整大小和旋转角度。

（2）修改颜色和纹理：使用调整图层样式、图像调整和滤镜效果等工具，对花卉、机械蝴蝶、金属蜘蛛等设计元素的颜色、亮度、对比度和纹

图5-5 机械蝴蝶与花卉的设色

图5-6　丝巾外框及内部圆形花环的色彩设计

图5-7　丝巾外框及内部圆形花环的色彩设计

理进行调整，使其与丝巾外围装饰花环、画框的颜色和纹理相协调。

（3）调整透明度和混合模式：使用图层面板中的透明度和混合模式选项，调整花卉、机械蝴蝶、金属蜘蛛等设计元素与丝巾外围装饰花环、画框的透明度和与背景的混合效果。

（4）添加或删除元素：根据需要，可以增加丝巾底纹的集成线路板纹样，使画面更具层次感。也可以删除不需要的元素，以简化设计或突出重点。

（5）进行局部修饰和修复：使用修复工具和修补工具，对花卉、机械蝴蝶、金属蜘蛛等设计元素进行局部修饰和修复。可以去除不需要的瑕疵或修复细节的边缘，使其更加完美和精细（图5-8）。

图5-8 调整完成的丝巾纹样

任务四 应用效果图设计

任务导入

陆晓聪坐在办公室的电脑前，手指轻轻敲击着键盘，眼睛盯着显示屏上的女性人物头像。他正在为"蝶变"主题的丝巾纹样应用效果图设计任务做准备。他已经完成了项目的色彩设计，现在需要将这幅设计完成的丝巾纹样应用到丝巾效果图中。他打开设计软件，开始思考如何将这些元素与女性人物头像相融合。

知识要点

丝巾应用效果图设计的知识要点包括以下几个方面。

（1）掌握设计软件的基本操作，能够导入、调整和编辑图像，包括调整大小、位置、透明度等。

（2）学会将不同的设计元素融合在一起，使其相互协调和统一，能够通过调整颜色、纹理、混合模式等手段实现。

（3）掌握绘图工具的使用，能够绘制各种图案和装饰元素，如花卉、动物、几何图形等。

（4）了解图层样式和滤镜效果的作用和使用方法，能够通过调整样式和应用滤镜来增强设计效果。

（5）具备对设计细节进行修饰和修复的能力，能够通过局部调整、修复工具等手段使设计更加完美和精细。

任务实施

一、下载戴有丝巾的女性头像

打开常用的搜索引擎，如谷歌（Google）、百度等，在搜索栏中输入关键词，点击搜索按钮，搜索引擎将提供相关的搜索结果，浏览搜索结果页面，寻找适合需求的图片。点击图片进行预览，选择适合的图片后，右键点击图片，选择"保存图片"或类似选项，在弹出的对话框中，选择想要保存图片的位置，并为图片命名，点击"保存"按钮，图片将被下载到所选择的位置（图5-9）。

二、计算机辅助设计为单色可贴图图片

将下载的图像导入到计算机图片处理软件（Photoshop）中，使用选择工具（如矩形选择工具或套索工具）选择丝巾上的花纹区域。使用图像处理软件的魔棒工具或魔术橡皮擦工具，将丝巾花纹区域与背景分离，修改至单色，使用图像处理软件的亮度/对比度调整工具，加强图像的亮度和对比度，方便贴图使用（图5-10）。

三、丝巾纹样的贴图设计

将选定的女性头像导入计算机图片处理软件（Photoshop）中，调整图像大小和位置，根据需要，使用图像编辑软件的缩放、旋转和移动工具，调整女性头像的大小和位置，使其适应设计区域。将选定的丝巾纹样导入到图像编辑软件中，并将其放置在女性头像上方。使用图像编辑软件的缩放、旋转和移动工具，调整丝巾纹样的大小和位置，使其与女性头像相匹配。根据需要，使用图像编辑软件的透明度工具，调整丝巾纹样的透明度，使其与女性头像丝巾区域融合。调整图像色彩和对比度：使用图像编辑软件的色彩和对比度调整工具，调整丝巾纹样的色彩和对比度，使

图5-9　下载戴有丝巾的女性头像

图5-10　计算机辅助设计为单色可贴图图片

图5-11　丝巾纹样的贴图设计

其与女性头像更加谐调。将处理后的贴图设计导出为常见的图像格式，如JPEG、PNG或TIFF，以便在其他设计软件中使用（图5-11）。

任务五　丝巾纹样在文创产品中的设计

任务导入

　　陆晓聪经过精心的设计和调整，终于完成了一套独特的丝巾纹样方案。他考虑这些纹样可以应用在帆布袋、纸杯和包装盒，便签、碟片和徽章、鼠标垫、口罩和笔记本等各种文创产品上，为它们增添艺术氛围和个性化特点，于是开始了新的设计尝试。

知识要点

　　（1）纹样设计：纹样的设计要适合文创产品的功能和风格，以增加产品的艺术感和独特性。
　　（2）色彩选择：选择柔和的色彩可以使产品更加时尚和与众不同，鲜艳的颜色可以增加产品的时尚感和个性化。
　　（3）应用方式：纹样可以应用在不同种类的文创产品上，如帆布袋、纸杯、包装盒、便签、碟片、徽章、鼠标垫、口罩、本子等。在应用时要考虑产品的形状和材质，以及纹样的适应性和美观度。
　　（4）增加产品市场竞争力：纹样的应用可以使产品与众不同，增加产品的个性化特点，提升产品的市场竞争力，吸引消费者的购买欲望。
　　总之，丝巾纹样在文创产品设计中的应用需要考虑色彩选择、图案设计、应用方式等因素，以增加产品的美感和品质感，提升产品的市场竞争力。

任务实施

1. 丝巾纹样在包袋上的设计

陆晓聪将纹样应用在帆布袋上。他选择了白底金色和黑色金色作

帆布袋
Canvas bag 02

01

03

图5-12　帆布袋的贴图设计

纸杯、包装
盒和便签
Paper cups
and boxes,
notes

图5-13　纸杯、包装盒、便签的贴图设计

为主色调，使得帆布袋更加时尚和与众不同。当人们背着这样一款帆布袋时，不仅能够搭配各种服装和场合，还能够展现自己的个性和品位（图5-12）。

2. 丝巾纹样在包装盒上的设计

陆晓聪将纹样应用在纸杯和包装盒上。他在纸杯的外壁和包装盒的表面印上了丝巾素材纹样，使得产品更加精致和高级。无论是在咖啡店享用一杯咖啡，还是在购物时拿到一份精美的包装盒，这些纹样都能够吸引人的眼球，增加消费者的购买欲望（图5-13）。

3. 丝巾纹样在小型文创上的设计

陆晓聪还将纹样应用在便签、碟片和徽章等小型文创产品上。他选择了细腻的线条和精致的丝巾图案，使得这些产品更加精美可爱。无论是写下重要的备忘录，还是收藏喜爱的音乐碟片，这些纹样都能够为产品增添艺术感和独特性（图5-14）。

4. 丝巾纹样在日常用品上的设计

陆晓聪将纹样应用在鼠标垫、口罩和本子等日常用品上。他选择了鲜艳的金色和独特的丝巾图案，使得这些产品更加时尚和个性化。无论是在办公室使用鼠标垫，还是戴上一款精致的口罩，这些纹样都能够吸引人的眼球，增加使用者的喜爱度（图5-15）。

通过陆晓聪的设计方案，丝巾纹样成功地应用在帆布袋、纸杯和包装盒，便签、碟片和徽章、鼠标垫、口罩和本子等文创产品上。这些产品因为纹样的加入，不仅增添了艺术氛围和个性化特点，还提升了产品的美感和品质感，吸引了消费者的注意力，增加了产品的市场竞争力。

5. 丝巾及文创产品的陈列设计

陆晓聪首先根据展示的产品种类和数量，确定展示的空间大小和布局。她选择了金色为主色调的奢华感展示主题和风格，根据展示空间选择了咖啡色后现代造型钟表、咖啡色女士背包、复古中黄色小陶罐等适合的展示元素，考虑产品的大小、形状和颜色等因素，使用了平铺和立体相结合的摆放方式。为了增加展示效果，添加了花束、绿植、项链、灯光等一些装饰元素以增加奢华感。最后对展示布局和装饰元素进行调整，达到最佳效果（图5-16）。

图5-14　碟片、徽章的贴图设计　　　　图5-15　鼠标垫、口罩、本子的贴图设计

图5-16　丝巾及文创产品的陈列设计

本章总结

　　本章围绕"蝶变"主题丝巾及文创产品设计项目展开一系列的学习与实践。通过此项目，学生不仅深入探索蝶的象征意义和文化内涵，更掌握了丝巾设计的基本原理与技巧，将蝶的元素巧妙地融入设计中，赋予作品独特的创意和艺术魅力。

　　首先，项目启动前，学生对市场需求进行深入分析，特别关注于年轻女性对于时尚和品味的追求，明确设计方向和目标。通过了解丝巾市场的趋势和竞争态势，学生更加明确要设计一款符合市场需求、具有竞争力的丝巾的重要性。

　　其次，在设计过程中，学生充分发挥创意思维和设计能力。他们成功地将蝶的形象和寓意融入丝巾设计中，通过色彩搭配和图案设计，展现蝶变之美和生命的蜕变。同时，学生也掌握了如何将设计想法转化为具体的丝巾图案，利用计算机辅助设计软件，完成线稿绘画和色彩设计，使作品更加精准和生动。

　　再次，在应用效果图设计阶段，学生不仅考虑丝巾本身的美观性，还注重其实用性和市场潜力。他们通过互联网下载戴有丝巾的女性头像，进行丝巾纹样的贴图设计，使作品更具实际应用的场景感。这一阶段的实践让学生深刻体会设计与市场的紧密联系。

最后，在文创产品设计阶段，学生将丝巾设计元素延伸至包袋和包装盒等文创产品上。这一创新尝试不仅拓宽了设计的应用范围，也提升了学生的设计综合能力。通过这一阶段的实践，学生更加深入地理解了设计的商业价值和文化内涵。

通过本项目的实施，学生不仅掌握了丝巾设计和文创产品设计的基本知识和技能，还培养了创意思维和设计能力。他们对丝绸文化和市场需求有了更深入的理解，这将为他们未来的学习和工作提供有力的支持，帮助他们创作出更多具有艺术价值和市场竞争力的作品。

教学重点

1. 蝶变主题的文化内涵与设计融合

本项目的教学重点之一是深入理解蝶变主题的文化内涵，并将其与丝巾设计相融合。学生需要掌握蝶的象征意义，理解其在不同文化背景下的表达方式和寓意，从而在设计中巧妙地运用蝶的元素，赋予丝巾独特的艺术魅力。

2. 丝巾设计的基本原理与技巧掌握

丝巾设计涉及色彩搭配、图案设计、材质选择等多个方面。教学重点在于让学生掌握丝巾设计的基本原理和技巧，包括色彩搭配的和谐与对比、图案设计的创意与美感、材质选择的舒适与耐用等。通过实践操作，学生能够熟悉设计流程，掌握设计技巧，提高设计水平。

3. 创意思维与设计能力的培养

创意思维是设计领域的核心竞争力。教学重点在于激发学生的创意思维，培养其设计能力。通过引导学生观察生活、思考问题、寻找灵感，鼓励学生尝试不同的设计风格和手法，让学生在实践中不断提升自己的设计能力和艺术修养。

4. 市场需求与设计应用的结合

设计作品最终要面向市场，满足消费者的需求。教学重点在于引导学生关注市场需求，了解消费者的喜好和购买行为，将设计作品与市场相结合。通过市场调研、用户访谈等方式，学生能够更好地把握市场脉搏，设计出符合市场需求的产品，提高设计的商业价值。

教学难点

（1）如何引导学生深入理解并掌握蝶变主题的文化内涵，以便在设计中巧妙融入相关元素，赋予作品深刻的意义和独特的艺术风格。

（2）如何指导学生将创意设计理念转化为具体的丝巾图案和色彩搭配，同时确保设计作品既美观又符合市场需求，满足消费者的审美和实用需求。

（3）如何帮助学生选择合适的材料和加工工艺，以确保丝巾的品质和耐用性，同时考虑材料的环保性和可持续性，符合现代消费者的绿色消费理念。

（4）如何培养学生的市场分析能力，引导他们进行市场调研，了解消费者对于丝巾及文创产品的需求和期望，从而设计出更具市场竞争力的产品。

（5）如何提升学生的创意思维和解决问题的能力，鼓励他们在设计过程中勇于面对挑战，积极寻找解决方案，创作出独特且具有创新性的设计作品。

课后作业 中国传统文化主主题丝巾设计

1. **作业内容**

设计一款以中国传统文化为主题的丝巾，旨在展现中国传统文化的魅力和韵味，同时融入现代审美元素，使其既具有深厚的文化底蕴，又符合现代时尚潮流。

2. 设计要求

（1）主题明确：丝巾设计需明确体现中国传承文化主题，可以选取中国传统文化中的某一元素或符号作为设计核心，如山水、建筑、花鸟、书法、传统图案等。

（2）文化传承：在设计过程中，需深入研究和了解所选取的文化元素的历史背景、文化内涵和艺术特色，确保设计的准确性和深度。

（3）现代审美：在保持传统文化韵味的同时，需融入现代审美元素，如简约的线条、时尚的配色、独特的构图等，使丝巾既具有传统美感，又具有现代时尚感。

（4）材质与工艺：选择高质量的丝绸材质，采用精湛的数码喷绘工艺或现代工艺进行制作，确保丝巾的品质和档次。

（5）实用性：设计需考虑丝巾的实用性，如尺寸90cm×90cm，形状、佩戴方式等，使其方便佩戴且易于搭配。

（6）市场适应性：考虑目标消费群体的喜好和审美趋势，设计具有市场潜力的丝巾产品。同时，要关注国际市场的变化，使设计具有国际化和跨文化的适应性。

（7）设计表达：提供清晰的设计图、效果图和材质说明。在设计中充分展示设计理念、灵感来源和创意意图。

3. 设计工具

选择专业设计软件作为工具，如Adobe Photoshop、Adobe Illustrator、CorelDRAW 等，完成本次作业。

思考拓展

（1）文化融合：思考如何将中国传统文化与现代时尚元素进行有机融合，创造出既有传统文化底蕴又具有现代审美价值的丝巾设计。

（2）故事性：在设计中融入故事性元素，如以某个历史故事或传说为背景进行创作，使丝巾不仅是一件时尚配饰，更是一个承载文化故事的艺术品。

（3）互动体验：考虑设计一款具有互动性的丝巾产品，如通过二维码呈现或AR技术将丝巾与虚拟世界相结合，让用户在佩戴丝巾的同时能够体验到更多的文化内容。

（4）定制化：提供定制化服务，允许客户根据自己的喜好和需求选择丝巾的图案、颜色、尺寸等参数进行个性化定制，以满足不同客户的需求。

课程资源链接

课件

第六章 项目二 包袋设计项目

以"时光之简"为主题的女士手提包设计项目

教学目标

（1）理解和掌握女士手提包的设计原则和技巧。

（2）学会分析和解读市场需求，为产品设计提供依据。

（3）掌握手提包材料的特性和选择，以及加工工艺和流程。

（4）培养学生的团队合作和沟通能力，提升解决问题的能力。

（5）培养创新意识，创作出具有独特魅力和市场潜力的女士手提包。

项目导入

当前市场上，女士手提包已经成为女性日常生活的必备品，不仅具有实用功能，还是展示个性和品位的重要标志。然而，大多数手提包设计往往追求时尚和花哨，忽视了简约设计背后的优雅和品质。

因此，项目目标是设计一款以"时光之简"为主题的女士手提包，注重简约、优雅和品质，让其在众多手提包中脱颖而出。通过这个项目，学生将掌握女士手提包的设计原则和技巧，学会分析市场需求，了解材料特性和加工工艺，同时培养团队合作和解决问题的能力。

任务一　项目分析与调研

任务导入

作为一个手提包设计师，设计师接受了设计一款以"时光之简"为主题的女士手提包的任务。设计师深知这个项目的挑战性和重要性，因为在这个市场上，已经有众多品牌和款式的手提包在竞争。而设计师的目标是设计出一款简约、优雅和品质并存的女士手提包，让它在众多产品中脱颖而出。

知识要点

以"时光之简"为主题的女士手提包设计项目，需要掌握以下知识要点。

（1）市场需求和趋势分析：了解当前市场上女士手提包的需求和趋势，特别是年轻女性对时尚和品位的追求，以及对手提包的实用性和品质的要求。

（2）设计风格和主题：以"时光之简"为主题，设计一款兼具简约、优雅和品质的女士手提包。需要了解简约设计的原则和技巧，以及如何通过设计表达出时光之简的主题。

（3）材料选择和加工工艺：选择合适的材料和加工工艺，确保手提包的品质和耐用性。需要了解不同材料的特性和优缺点，以及加工工艺对手提包品质的影响。

（4）消费者需求和痛点：了解目标消费者的需求和痛点，特别是对手提包的多样化和个性化需求，以及对手提包的环保性和可持续性的关注。需要分析消费者的意见和建议，并将其融入设计中。

（5）创新意识和解决问题的能力：在设计中注重创新意识，通过解决问题来克服设计中的难点和挑战。需要具备创新思维和解决问题的能力，以及不断学习和探索的精神。

任务实施

项目分析

在开始设计之前，学生们作为未来设计师，首先需要对市场进行了全面的分析，需要了解女士手提包市场具有广阔的前景，特别是年轻女性对时尚和品位的追求，使得这个市场具有较高的增长潜力。然而，市场上也存在激烈的竞争，主要竞争者包括高端品牌如路易威登、古驰、普拉达等，以及一些性价比较高的中档品牌（图6-1）。

图6-1 世界著名品牌女士

此外，当前市场上的手提包设计大多追求时尚和花哨，而忽视了简约设计背后的优雅和品质。因此，学生会认为简约、优雅和品质并存的设计风格将会成为市场的主要趋势。

此手提包的目标消费者主要是年轻女性，包括职场女性、学生和时尚爱好者等。这些消费者注重时尚和品位，同时对手提包的实用性和品质有较高的要求。在调研过程中，学生需要通过问卷调查和访谈等方式，了解到消费者对手提包的需求和期望。学生发现消费者对手提包的多样化和个性化需求越来越高，希望手提包能够更好地满足她们在不同场合和不同功能的需求。

此外，消费者还关注手提包的环保性和可持续性等方面。因此，此设计过程中将考虑采用环保材料和可持续性生产方式，以满足消费者的需求和期望。

在项目调研阶段，设计师通过问卷调查、访谈等方式收集了大量数据和信息。设计师对市场上的手提包进行了全面的分析和评估，了解当前市场上最受欢迎的手提包款式和特点。同时，设计师还收集了目标消费者的意见和建议，了解了她们对手提包的需求和期望（图6-2）。

由饼图可知，绝大部分的年轻人能接受的价格在200～500元，其次为200元以下，少数大学生能接受的价格为500～1000元。

通过深入的分析和研究，在风格方面，会发现简约、优雅和品质并存的设计风格将成为市场的主要趋势。因此，设计师决定以"时光之简"为主题，设计一款兼具简约、优雅和品质的女士手提包。设计师更相信这样的设计将会在市场上获得广泛的认可和青睐。

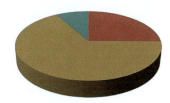

■ 200元以下
■ 200～500元
■ 500～1000元

图6-2　20～26岁女士接受手提包价格调研

任务二　包袋的设计表现

任务实施

在任务实施阶段，使用麦克笔进行手绘表现，绘制女士手提包的轮廓，并着淡色以呈现初步的设计效果。

一、绘制轮廓

（1）使用一支细尖的麦克笔，轻轻勾勒出手提包的外形轮廓。注意线条要流畅、简洁，以体现出简约的设计风格（图6-3）。

（2）根据设计需求，细化手提包的细节部分，如手提包的边缘刻画、提手、扣环、拉链等。同样要保持线条的流畅和简洁（图6-4）。

（3）深化设计，用橡皮轻轻擦去不必要的辅助线，使轮廓更加清晰（图6-5）。

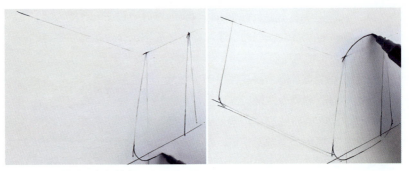

图6-3　绘制女士手提包轮廓

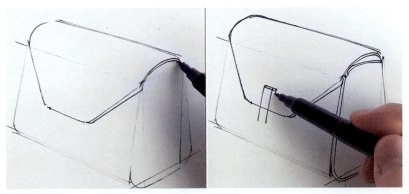

图6-4　女士手提包细节表现

图6-5　绘制女士手提包深化设计表现

二、着淡色

选择一组淡色调的马克笔,如浅灰、米白、淡粉等,用于着色。

(1)根据设计需求,淡淡地给手提包各部分着上相应的颜色。注意颜色要均匀、柔和,以营造出优雅的氛围。

(2)在着色过程中,可以适当加入一些阴影和高光,以增强手提包的立体感和质感。

图6-6　女士手提包的淡色表现

（3）完成着色后，用纸巾轻轻擦拭画面，使颜色更加自然、融合（图6-6）。

通过以上步骤，可以得到一个初步的手绘表现效果，展示出"时光之简"女士手提包的设计风格和特点。后续还可以根据需要进行调整和修改，以完善设计方案。

任务三　应用效果图设计

任务导入：根据参考图画一幅女士使用此款女包的手绘效果图

完成对"时光之简"女士手提包的设计方案后需要将其转化为应用效果图，以便更好地展示其在实际场景中的效果。本任务要求设计者利用平面设计软件绘制应用效果图，并对设计方案进行评估与优化。

知识要点

（1）软件工具：掌握平面设计软件的基本功能和操作技巧，如计算机图片处理软件（Photoshop）等。了解如何使用这些软件绘制手提包的设计效果图。

（2）素材资源：收集和整理相关素材资源，如手提包的实物图片、纹理贴图、背景图片等。这些资源将有助于提高效果图的真实感和品质感。

（3）应用场景：根据设计方案，考虑手提包在不同场景下的应用效果。例如，日常生活、商务会议、户外活动等场景下，手提包的设计效果会有所不同。

（4）呈现技巧：掌握效果图的呈现技巧，如色彩调整、版面布局、文字说明等。通过合理的排版和标注，将设计理念和特点传达给观者。

任务实施

（1）使用平面设计软件打开手提包的设计方案文件，并导入相关素材资源。

（2）根据设计方案，使用绘图工具绘制出手提包的效果图。注意保持线条流畅、色彩和谐。

（3）在效果图中添加相关元素和标注，以展示手提包的特点和功能。例如，可以添加背景图片、纹理贴图以及文字说明等。

（4）对设计效果图进行评估和优化。根据实际需求和目标消费者的喜好，对色彩搭配、材质选择、细节处理等方面进行调整和改进。

（5）最终呈现效果图时，注意调整色彩搭配和版面布局，确保效果图整体美观、清晰易懂。同时，可以根据需要添加相关的文字说明和标注，以更好地传达设计理念和特点（图6-7）。

总结

经过努力，设计师成功地设计出了一款符合"时光之简"主题的女士手提包，在外观设计方面，手提包以简约的线条和流畅的轮廓为主，整体外观简洁大方。颜色上采用了经典的黑白灰三色，既符合简约风格的特点，又能满足现代女性的审美需求。在细节处理方面，手提包的细节处理精致，设计师还添加了一些人性化设计，如可拆卸的肩带和可调节的背带，方便用户根据个人喜好和需求进行调整。

本章总结

在本章节中，我们学习了如何设计一款以"时光之简"为主题的女士手提包。通过深入了解市场需求、设计风格、材料选择等方面的知识，我们掌握了设计一款成功的女士手提包所需的原则和技巧。

首先，我们分析了当前市场上女士手提包的需求和趋势，特别是年轻女性对时尚和品位的追求，以及对手提包的实用性和品质的要求。这使我们理解了设计一款符合市场需求的手提包的重要性。

其次，我们探讨了简约设计的原则和技巧，并了解如何通过设计表达出时光之简的主题。这使我们在设计中注重简约、优雅和品质的融合，创造出独特的设计风格。

此外，我们学习了如何选择合适的材料和加工工艺，以确保手提包的品质和耐用性。通过了解不同材料的特性和优缺点，以及加工工艺对手提包品质的影响，我们掌握了材料选择的关键因素。

最后，我们强调了创新意识的重要性，并培养了解决问题的能力。通过创新思维和不断探索的精神，我们能够克服设计中的难点和挑战，创作出具有独特魅力和市场潜力的女士手提包。

通过本章节的学习和实践，我们不仅掌握了女士手提包设计的原则和技巧，还培养了市场分析和解决问题的能力。这将有助于我们在未来的设计工作中更好地满足市场需求，创作出优秀的设计作品。

图6-7 女士手提包的应用效果图表现

教学重点

市场需求和趋势分析：学生需要深入了解当前市场上女士手提包的需求和趋

势，以及年轻女性对时尚和品位的追求，以及对手提包的实用性和品质的要求。

设计风格和主题：学生需要掌握简约设计的原则和技巧，以及如何通过设计表达出"时光之简"的主题。

消费者需求和痛点：学生需要了解目标消费者的需求和痛点，特别是对手提包的多样化和个性化需求，以及对手提包的环保性和可持续性的关注。

创新意识和解决问题的能力：学生需要注重创新意识，通过解决问题来克服设计中的难点和挑战，具备创新思维和解决问题的能力。

教学难点

如何引导学生理解并掌握市场需求和趋势分析的方法，让他们能够独立进行市场调研和分析。

如何引导学生将设计理念转化为实际的设计作品，同时满足消费者的需求和期望。

如何引导学生选择合适的材料和加工工艺，保证手提包的品质和耐用性。

如何引导学生关注消费者的环保和可持续性需求，并在设计中加以体现。

如何培养学生的创新意识和解决问题的能力，让他们能够独立思考并解决设计中的问题。

课后作业

1. 设计题

请根据年轻女性消费者的需求和期望，设计一款时尚、实用、品质优良的手提包，并说明在设计中如何考虑材料的选择的。

2. 课下练习

请结合"时光之简"的主题，设计一款兼具简约、优雅和品质的女士手提包。画出设计草图，并简单描述设计理念。

针对年轻女性消费者，请列出三个最关键的手提包设计要素，并说明原因。同时，给出你认为在这三个要素中最重要的理由。

思考拓展

随着新思潮的涌现，手提包设计是否会有新的设计理念或风格出现？请举例说明。

考虑新技术的影响，手提包的设计和生产会有哪些变革？

如何将新理念、新思潮、新技术融入到手提包设计中，以创造出更具市场潜力的产品？

课程资源链接

课件

第七章 项目三 鞋子设计项目

以"马蹄踏香"为主题的马丁靴设计项目

教学目标

（1）学习和掌握马丁靴的基本设计原理。

（2）培养学生的创意思维和审美能力，激发他们对鞋履设计的兴趣和热情。

（3）让学生了解"马蹄踏香"主题的内涵和特点，掌握如何将主题元素融入到鞋履设计中。

（4）通过实际操作，提高学生的动手能力和团队协作能力。

项目导入

本项目以"马蹄踏香"为主题，设计一款具有独特风格、符合年轻人需求的马丁靴。目标是创造出一种融合传统工艺和现代设计的鞋履，展现时尚、舒适和个性化的特点。

知识要点

"马蹄踏香"为主题的马丁靴设计项目的知识要点包括以下几个方面。

1. 马丁靴的基本特点和历史渊源

马丁靴，是一种具有坚固鞋面和弹性鞋底的鞋子。这种鞋子的历史可以追溯到19世纪中期的欧洲，当时用作工作鞋，因为它们能提供足够的保护和舒适性。由于其设计经典、结实耐用，马丁靴逐渐在年轻人中流行起来，成为一种时尚文化的象征（图7-1）。

马丁靴的基本特点包括：①坚固的鞋面，通常由皮革或其他耐用材料制成，能够经受住日常磨损。②弹性鞋底，通常由橡胶或其他弹性材料制成，能够提供良好的缓冲和支撑。③多功能性，适合各种场合穿着，可以与各种服装风格搭配。④舒适性，设计考虑到脚部的自然形状和运动，提供舒适的穿着体验。

2. "马蹄踏香"的内涵和特点

"马蹄踏香"的寓意与象征传递出一种力量与动态的感受。马作为

图7-1 马丁靴（一）

一种具有强壮、迅捷特质的动物，其蹄子踏过的地方，往往能留下深深的印记，象征着坚定、有力。同时，"踏香"二字则给人一种轻盈与美好的联想。这无疑是对马蹄的一种诗意的描绘，使这个主题充满了浪漫与想象。

3. 文化与情感

"马蹄踏香"这个主题融合了浓厚的文化元素。在中国传统文化中，马是吉祥、力量和速度的象征，而"踏香"则暗示着一种寻觅与探索。这种组合表达了一种积极向上、勇往直前的情感。

4. 旅途与冒险的感觉

让人联想到骑马穿越草原、探索未知的场景，这种浪漫与冒险的精神也是年轻人所追求的。

5. 设计与美学

在设计方面，"马蹄踏香"这个主题可以衍生出许多独特的元素。例如，可以在鞋子的形状、图案或者颜色上融入马蹄的元素，使其具有很强的识别度。此外，这个主题的美学价值也体现在它所表达的一种自由、不羁和勇敢的态度。这种美学特质符合现代年轻人的审美追求，能够吸引他们的注意并激发购买欲望（见图7-2）。

图7-2 马丁靴（二）

马丁靴的设计要素：掌握马丁靴的设计要素，包括款式、颜色、材质、装饰等；了解不同设计要素的特点和搭配方法，以及如何运用这些要素来表达主题和满足消费者需求。

任务实施

一、项目分析

市场需求分析

马丁靴市场需求主要受到以下几个方面的影响。

（1）消费者需求：随着消费者对时尚和舒适的需求不断提高，马丁靴作为一种时尚且实用的鞋款，市场需求也不断增加。无论是男性还是女性，无论是职场人士还是学生，鞋柜中常会有一双或多双马丁靴。

（2）年轻人消费趋势：随着年轻一代消费者的崛起，马丁靴的市场前景更加广阔。年轻人对时尚和个性化的需求更加突出，马丁靴的设计和款式也更加多样化，能够满足年轻人的不同需求。

（3）品牌竞争：在马丁靴行业中，品牌竞争激烈。市场上有许多知名的马丁靴品牌，如马汀靴（Dr. Martens）、添柏岚（Timberland）、其乐（Clarks）等。这些品牌凭借其独特的设计、高品质的材料和良好的口碑，成为了消费者购买马丁靴的首选品牌。此外，新兴的马丁靴品牌也以时尚、个性化和实惠的特点吸引着一部分年轻消费者。

（4）市场环境：马丁靴市场的市场环境将有所改善。此外，采用先进的科技制造技术，开发出新的款式，给消费者带来更多的选择，进一步促进马丁靴的销售。

综上所述，马丁靴市场需求受到多方面的影响，包括消费者需求、年轻人消费趋势、品牌竞争和市场环境等。随着市场环境的变化和消费者需求的增加，马丁靴市场的前景将更加广阔。

二、产品定位分析

马丁靴的产品定位分析从以下几个方面展开。

1. 目标市场与受众

马丁靴作为一种时尚与实用并重的鞋款，面向的目标市场包括广泛的消费者群体。无论是职场人士、学生，还是追求时尚的年轻人，都对马丁靴有着一定的需求。因此，马丁靴的产品定位应该是面向广大年轻人的时尚、实用鞋款。

2. 品牌形象与定位

在产品定位分析中，需要考虑品牌形象与定位。马丁靴品牌应该以时尚、个性化和高品质的形象为目标，以区别于其他竞争对手。同时，品牌定位应该注重年轻消费者的需求和喜好，以提供符合他们期望的产品和服务。

3．产品特点与优势

马丁靴作为一种经典的鞋款，具有坚固的鞋面、弹性鞋底和多功能的特性。这些特点使得马丁靴既时尚又实用，能够满足年轻消费者的不同需求。此外，新兴的马丁靴品牌也注重创新和设计，以个性化和差异化为特点，吸引年轻消费者的关注。

4．主题元素的融合

（1）经典设计与现代元素的融合：马丁靴作为经典的鞋款，具有独特的设计元素和风格。在保持经典设计的同时，可以融入现代时尚元素，以适应年轻消费者的审美需求。

（2）马丁靴与文化元素的融合：马丁靴作为一种时尚单品，可以与不同的文化元素进行融合。

（3）马丁靴与科技元素的融合：随着科技的发展，马丁靴也可以与科技元素相融合。例如，可以引入智能穿戴技术，将马丁靴与智能设备相连，实现健康监测、智能提醒等功能。此外，还可以使用新材料和工艺，提高马丁靴的舒适度和耐用性。

（4）马丁靴与环保元素的融合：在可持续发展成为社会关注焦点的背景下，马丁靴也可以与环保元素相融合。例如，可以选用环保材料制作鞋面和鞋底，降低对环境的影响。此外，还可以采用循环再利用的包装和配件，提高产品的可持续性。

5．材料选择与质感

材料的选择对鞋子的外观和质感有着重要的影响。考虑使用高质量的材料，如真皮、高弹性的橡胶等，以提升鞋子的品质和舒适度。同时，通过材料的加工和处理，如染色、打磨等，来营造出独特的纹理和光泽效果，增强鞋履的艺术感。

6．色彩搭配

色彩是吸引消费者的重要因素之一。在设计中，通过巧妙的色彩搭配来突出主题和表达情感。例如，可以将马蹄的象征色（如棕色、灰色等）运用到鞋子的设计中。

7．细节处理

细节处理能够提升鞋履的品质和个性化特点。可以在鞋子上增加金属装饰、刺绣图案或立体造型等细节处理，以增强鞋子的视觉效果和艺术感。同时，可以通过精致的包装和配件来提升产品的整体质感。

任务一　鞋子的设计表现

任务实施

马丁靴设计的绘画步骤。

（1）准备工作。首先准备好绘画工具，包括马克笔、铅笔、橡皮等（图7-3）。

图7-3　准备好绘画工具

（2）画出外轮廓。首先，选择一支较细的马克笔，画出由几个几何形组成的马丁靴的外轮廓。这个步骤主要是确定马丁靴的整体形状和大小，让轮廓尽量接近脚的形状。

（3）画出脚的形状。在外轮廓内部，用较细的马克笔或铅笔轻轻画出脚的形状。这个步骤主要是确定马丁靴的脚部位置和大小。注意脚趾和脚跟的位置，以及脚部的弯曲程度（图7-4）。

（4）根据脚的形状来画出鞋底。可以先用铅笔或颜色浅的马克笔轻轻地画出大体的鞋底轮廓。这个轮廓应该能够体现马丁靴前低后高，以及鞋底与脚部的贴合程度，其原因是为了更好地支撑脚部。

（5）画出从两侧往前包裹的护边：护边是指马丁靴鞋帮上的一部分，它从鞋的两侧开始，向前包裹在鞋面上。在绘制这部分时，可以使用较粗的马克笔或铅笔，先轻轻地画出护边的轮廓，然后再用更重的笔触加深线条。护边的形状和高度可以根据个人设计的马丁靴的款式来调整（图7-5）。

（6）画出鞋带和穿孔：依次画出马丁靴上的鞋带和穿孔。在画鞋带时，可以先轻轻地画出每一根鞋带的路径，然后再用较粗的马克笔加重颜色。对于穿孔部分，可以用马克笔或铅笔轻轻画出孔的形状和位置（图7-6）。

（7）细化马丁靴的细节：在上一步完成后，开始细化马丁靴的细节。用较细的马克笔或铅笔，把草稿线条画得流畅饱满。包括靴子脚脖处的皱褶、鞋带上的纹路和编织细节等。这些细节能够增加马丁靴的真实感和精致度。当线条细化完成后，用Ink笔刷给马丁靴描边。在这一步骤中，可以选择一支与马克笔颜色对比明显的Ink笔，这样能够突出线条的轮廓和细节。同时，可以擦掉过多的草稿线条，使画面更加整洁清晰（图7-7）。

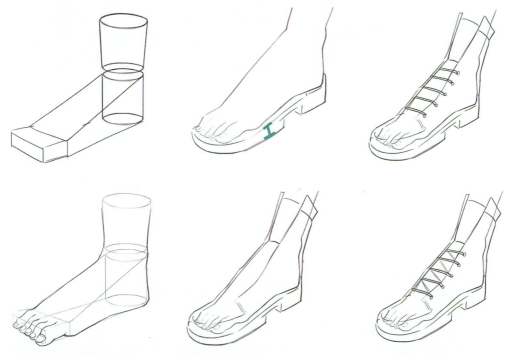

图7-4　画出外轮廓和脚的形状　　　　图7-5　画出鞋底和护边　　　　图7-6　画出鞋带和穿孔

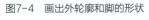
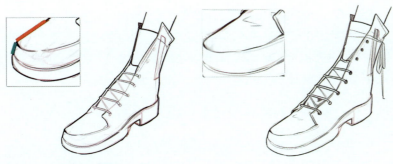

图7-7　细化马丁靴的细节

（8）上色：最后，用黑色马克笔给马丁靴上色。因为黑色是主色，所以阴影的地方可以留出白色，以显出对比。在涂色时，按照马丁靴的实际材质效果进行涂染，在高光部分留白或使用浅色点缀，增加立体感。同时，可以在需要强调的部分增加阴影和细节，使画面更加丰富和生动（图7-8）。

图7-8　马丁靴上色完成

任务二　应用效果图设计

绘制马丁靴应用效果图，可以按照以下步骤进行。

（1）画出一个站立的人物形象，注意人物的姿势和比例。

（2）在人物脚上画出马丁靴的轮廓，注意靴子的形状和特点，以及与人物脚部的贴合度。

（3）进一步细化马丁靴的细节，包括鞋带、鞋孔、鞋底等部分，使靴子看起来更加真实。

（4）根据需要，可以在人物身上添加其他元素，如衣物、配饰等，以丰富画面内容。

（5）最后，使用适当的颜色和阴影效果，使画面更加生动和立体。

需要注意的是，画马丁靴时要根据人物的比例和特点进行调整，以确保靴子与人物形象相匹配。同时，也要注意细节的刻画和颜色的搭配，使画面更加美观和逼真（图7-9）。

本章总结

本章节学习如何设计以"马蹄踏香"为主题的马丁靴。首先，了解马丁靴的基本特点和历史渊源，为后续设计提供基础。接着，进行市场调研和分析，明确产品定位和目标市场。任务实施阶段中进行鞋子的设计表现和应用效果图设计。具体来说，本章学习如何通过绘画步骤来表现马丁靴的外观和细节，以及如何绘制应用效果图来展示鞋子的实际效果。

通过本章节的学习，帮助学习者掌握马丁靴的基本设计原理和技巧，培养创意思维和审美能力，激发对鞋履设计的兴趣和热情，为未来的设计工作打下了坚实的基础。

教学重点

（1）马丁靴的市场需求和产品定位：了解马丁靴的市场需求，包括消费者需求、年轻人消费趋势、品牌竞争和市场环境等，以及如何根据这些需求进行产品定位。这是设计马丁靴项目的关键基础。

（2）主题元素的融合：在马丁靴设计中，需要掌握如何将经典设计与现代元

图7-9　上色完成应用效果图设计

素、文化元素、科技元素和环保元素进行融合，以突出主题和满足市场需求。这是设计表现的重要环节。

（3）马丁靴的设计表现：如何通过绘画、手绘等方式将设计理念转化为具体的设计表现形式。学生需要掌握相关的绘图技巧，能够准确表达设计意图和呈现设计效果。

教学难点

（1）创新设计：在马丁靴设计中，如何引导学生发挥创意，设计出独特、新颖的款式，是教学的难点之一。需要培养学生的创新思维和实践能力。

（2）细节处理和鞋子的整体质感：在设计中，细节处理和鞋子的整体质感是提升品质和吸引力的关键。如何引导学生处理好这些细节，提升鞋子的艺术感和个性化特点，是教学的难点之一。

（3）市场需求与品牌竞争：理解并满足市场需求是设计教学中需要克服的难点。需要引导学生理解消费者的需求，并将其转化为实际的设计元素。同时，也需要了解品牌竞争态势，以便更好地制定产品定位策略。

课后作业

1．课堂练习

设计题：设计一款满足年轻女性消费者需求的手提包，要求具备时尚的外观、实用性、优良的品质，以及环保理念。在设计中，充分考虑材料的选择，以实现手提包的耐用性、舒适性和美观性。

设计要求

（1）外观设计：手提包应采用简约时尚的设计风格，符合年轻女性的审美需求。颜色搭配应明快、亮丽，充满活力。同时，手提包的形状应便于携带，符合人体工学。

（2）实用性：手提包应具备充足的存储空间，方便分类存储物品。主袋、侧袋、拉链口袋等分区应合理，便于查找和取用物品。此外，手提包应具备防水功能，以应对突发天气状况。

（3）品质保证：手提包的材料应选用高品质的耐用材料，确保包身的坚固和耐用。细节处理应精致，如拉链、扣环等配件应选用质量上乘的产品，以确保手提包的使用寿命。

（4）环保理念：在材料选择上，应优先考虑环保材料，如可回收利用的尼龙面料和无毒环保的粘胶内衬。同时，手提包的设计应倡导低碳生活方式，通过节能减排降低碳排放，为地球环保贡献一份力量。

2．课下练习

请结合"时光之简"的主题，设计一款兼具简约、优雅和品质的女士手提包。画出设计草图，并简单描述设计理念。

（1）设计要求

设计草图：请绘制出所设计的手提包草图，在草图中，请特别注意展示手提包的简约、优雅和品质的特点。

设计理念：简短描述你的设计理念。这应包括你如何将"时光之简"的主题融入设计中，以及你希望这款手提包传达给消费者的感受。

（2）针对年轻女性消费者，列出三个最关键的手提包设计要素，并说明原因。

（3）给出你认为在这三个要素中最重要的理由。

思考拓展

1. 思考题

（1）马丁靴市场需求受到哪些因素的影响？

（2）如何进行马丁靴的产品定位？

（3）在马丁靴设计中，如何融合经典设计与现代元素、文化元素、科技元素和环保元素？

（4）如何通过设计表现来展示马丁靴的特点和风格？

（5）在马丁靴设计中，如何处理细节和提升整体质感？

（6）如何根据市场需求和品牌竞争态势制定产品定位策略？

2. 实践题

请设计一款以"复古风格"为主题的马丁靴，并展示其设计表现。

请制定一份马丁靴市场需求和产品定位的调查问卷，并收集和分析数据。

课程资源链接

课件

第八章　项目四 帽子设计项目

以"炫酷"为主题的红色鸭舌帽设计项目

教学目标

以"炫酷"为主题的红色鸭舌帽设计项目的教学目标有以下几点。

（1）培养学生的创新思维和设计能力：通过参与设计项目，学生能够发挥创意，探索新的设计理念，提升设计技能和创新能力。

（2）提升学生的审美意识和艺术素养：通过学习红色鸭舌帽的设计原理和流行趋势，学生能够培养对时尚和艺术的敏感度，提高对美的认识和鉴赏能力。

（3）增强学生的实践能力和团队协作精神：通过动手实践，学生能够掌握鸭舌帽的设计技巧，培养动手能力和解决问题的能力。

（4）拓展学生的职业发展空间：通过学习红色鸭舌帽的设计、制作和营销等知识，学生能够了解时尚产业的市场需求，为未来的职业发展打下基础。

（5）传承和弘扬传统文化：通过将传统文化元素融入红色鸭舌帽设计，学生能够了解和传承传统文化，弘扬中华民族的文化自信。

这些教学目标旨在帮助学生全面发展，提升综合素质和职业技能，以适应社会的需求和发展。通过参与以"炫酷"为主题的红色鸭舌帽设计项目，学生将获得宝贵的实践经验和职业竞争力，为未来的发展打下坚实的基础。

项目导入

一、项目背景

随着时尚潮流的不断演变，鸭舌帽作为一种经典的帽形，在街头、运动、休闲等场合都备受欢迎。红色作为一种鲜艳、醒目的颜色，与鸭舌帽的时尚气质相得益彰。因此，我们决定以"炫酷"为主题，设计一款独具特色的红色鸭舌帽。

二、项目目标

（1）创造一款具有独特风格、符合"炫酷"主题的红色鸭舌帽。

（2）掌握鸭舌帽的设计原理和流行趋势。

（3）了解鸭舌帽的制作工艺和技巧。

（4）培养实践能力和创新能力。

三、项目流程

（1）确定设计理念和风格：确定符合"炫酷"主题的设计理念和风格，为后续的设计工作提供指导。

（2）市场调研：收集相关资料，了解鸭舌帽的市场需求、流行趋势和竞争状况（图8-1）。

（3）设计草图：根据设计理念和风格，绘制初步的设计草图，包括细节设计等。

（4）详细设计：根据设计草图，完善设计细节（图8-2）。

图8-1 帽子的市场调研

图8-2 帽子的草图和深化设计

四、项目成果

（1）完成一款独具特色的红色鸭舌帽产品，符合"炫酷"主题，展现创意和个性。

（2）对鸭舌帽的设计原理、流行趋势和制作工艺的深入了解，提升设计技能和审美水平。

任务一　项目分析

任务实施

一、项目分析

1."炫酷"主题的设计理念和风格

设计理念包括以下几个方面。

（1）时尚感：以最新的流行趋势为导向，将时尚元素融入设计中，使鸭舌帽具有鲜明的时尚感。

（2）前卫性：敢于突破传统，尝试新的设计元素和手法，展现出独特的前卫风格。

（3）个性化：注重个性的表达，通过独特的设计元素和细节处理，使鸭舌帽具有独特的个性魅力。

（4）独特性：追求与众不同，打造出独一无二的设计作品，展现出独特的艺术价值。

设计风格包括以下几个方面。

（1）色彩鲜明：以红色为主色调，搭配其他鲜艳的色彩，形成强烈的视觉冲击力，展现出炫酷的风格。

（2）版型前卫：采用独特的前卫版型设计，突出时尚感和个性化。

（3）细节精致：注重细节处理，通过精致的线条、图案和装饰等手法，提升鸭舌帽的品质感。

（4）材质创新：尝试使用新颖的材质和工艺，打造出更具质感和舒适度的鸭舌帽（图8-3）。

2. 鸭舌帽的设计原理和流行趋势

鸭舌帽的设计原理主要包括以下几个方面。

（1）帽顶设计：鸭舌帽的帽顶通常呈平顶或略微凸起的形状，这使得帽子更加符合头部形状，提供更好的佩戴舒适度。

（2）鸭舌设计：鸭舌帽的特色在于其独特的鸭舌设计。鸭舌可以向下弯曲，形成一种独特的弧度，使帽子更具时尚感和个性化。

（3）帽缘设计：帽缘的宽度和形状可以根据设计需要进行调整。较宽的帽缘可以提供更好的防晒效果，而较窄的帽缘则更显精致（图8-4）。

（4）材质选择：鸭舌帽的材质通常选择透气性好、柔软舒适的布料，

图8-3　帽子的时尚感、前卫感、个性化

图8-4　鸭舌帽的设计原理

如棉、麻、涤纶等。同时，为了满足不同场合的需求，还可以选择具有防水、防风、防晒等功能的特殊材质。

在流行趋势方面，鸭舌帽在时尚界一直备受欢迎。近年来，随着街头文化和运动风的兴起，鸭舌帽与时尚运动风的结合更加紧密。设计师们在设计具有运动情调的服装系列时，常常会选择鸭舌帽作为搭配单品。此外，随着时尚潮流的不断变化，鸭舌帽的颜色、图案和细节设计也在不断更新，以满足不同消费者的需求和喜好。

任务二　帽子的设计表现

设计草图

（1）绘制基础轮廓：在草图纸上绘制一个鸭舌帽的基础轮廓，包括帽顶、鸭舌和帽缘的形状。可以根据自己的喜好和设计需求进行调整。

（2）完成轮廓线稿：在草图轮廓的基础上，深化造型，完善细节，这些细节可以根据设计主题和风格进行调整（图8-5）。

（3）涂抹底色：使用较大的画笔，将红色平涂在鸭舌帽的帽檐和帽身上，作为底色。注意涂抹时要均匀，不要有遗漏（图8-6）。

（4）明暗和标识表现：和使用不同明度的红色填充鸭舌帽的明暗部分。帽子的顶部和鸭舌部分应该比较明亮，而帽檐部分应该比较暗。

1）添加白色标识。标识位于帽子的正面，根据需要调整大小和位置。使用白色填充标识，注意保持标识的边缘清晰。

2）调整明暗和细节。使用加深和提亮工具来增强帽子的立体感和细节表现。可以在帽檐和帽子的侧面添加阴影和反光，以增加层次感（图8-7）。

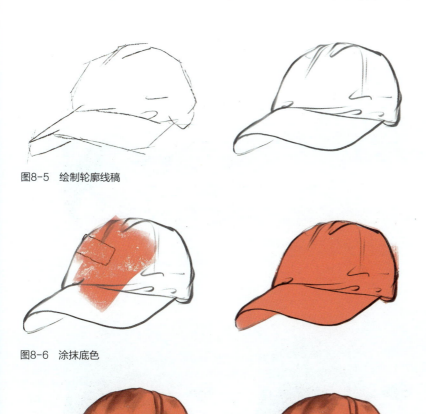

图8-5　绘制轮廓线稿

图8-6　涂抹底色

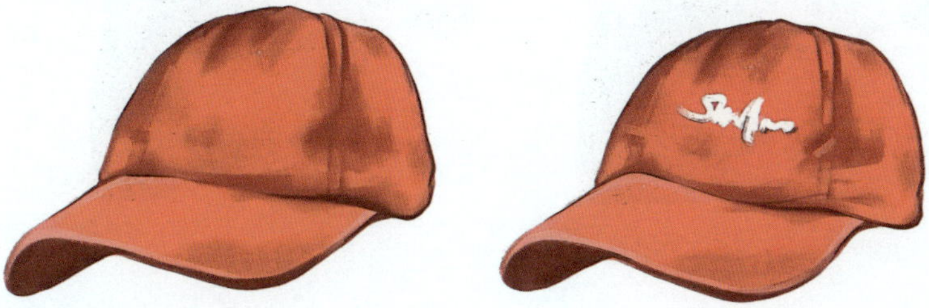

图8-7　明暗和标识表现

任务三 应用效果图设计

（1）准备一张白纸和一支铅笔，确定要绘制的插画主题和构图。

（2）用铅笔勾勒出女孩的头部和帽子的轮廓，注意线条要流畅自然（图8-8）。

（3）用红色水粉颜料填充帽子的部分，注意颜色的搭配和过渡。

（4）用铅笔勾勒出女孩侧身的身体轮廓，注意身体的比例和姿态。

（5）用细笔在背景上添加一些白色的线条或点状效果，营造出透视和空间感。

（6）用红色水粉颜料加深帽子的颜色，使其更加鲜艳夺目。用白色水粉颜料填充字母部分。

（7）用细笔蘸取白色水粉颜料，在女孩的脸部添加高光，使皮肤更加光滑细腻。

（8）用细笔蘸取黑色水粉颜料，在女孩的眼睛和嘴巴添加细节，使其更加生动逼真。

审视整个画面，进行调整和完善，最终完成作品（图8-9）。

图8-8 绘制女孩帽子的轮廓线稿

图8-9 使用水粉来表现，完成标识绘制

本章总结

在本章的学习中，学生们深入了解了红色鸭舌帽的设计理念、风格和技巧。通过参与实际项目，他们不仅提升了设计思维和动手能力，还对时尚产业和市场有了更深入的认识。

1. 教学重点

（1）设计理念和风格的掌握：强调了"炫酷"主题在红色鸭舌帽设计中的重要性，以及如何通过时尚感、前卫性、个性化等方面来体现这一主题。

（2）市场调研的实践：学生们学会了如何收集和分析市场数据，了解消费者需求和竞争状况，为设计提供依据。

（3）设计技巧的掌握：详细介绍了鸭舌帽的设计原理和流行趋势，以及如何通过色彩、版型、细节和材质来表现"炫酷"主题。

（4）实践项目的完成：学生们通过实际操作，将理论知识应用于实践中，提升了自己的设计能力和动手能力。

2. 教学难点

（1）设计理念的转化：如何将抽象的设计理念转化为具体的视觉形象，是学生们在设计中面临的挑战。

（2）市场调研的深度：学生们需要深入挖掘市场数据，从中提炼出有价值的信息，以指导设计。

（3）细节处理的把握：在设计中，细节的处理非常关键，学生们需要注重细节，以达到整体效果的和谐统一。

（4）实践项目的执行：在有限的时间内完成一个完整的项目，需要学生们具备良好的时间管理和团队协作能力。

课后作业

1. 设计题

主题：复古与未来

设计一款鸭舌帽，要求体现"复古与未来"的主题。具体要求如下。

（1）鸭舌帽的形状和结构需符合常规的鸭舌帽样式，但需要进行创新设计。

（2）颜色方面，需要使用复古色系（如棕色、深绿、酒红等）和未来感颜色（如银灰、透明、亮蓝等）进行搭配。

（3）材质方面，可以选择棉、麻、涤纶等常规材料，也可以尝试使用新型材料（如透明塑料、金属网格等）。

（4）设计元素需体现复古与未来的融合，如使用复古图案或细节（如刺绣、印花）与未来感的线条或装饰（如LED灯条、反光材料）相结合。

（5）整体设计需符合时尚潮流，同时具有独特性和个性化。

请根据以上要求，设计一款鸭舌帽，并绘制设计图。同时，对所采用的颜色、材质和设计元素进行简要说明。

2. 课后练习

设计一款以"自然与科技"为主题的鸭舌帽。要求如下。

（1）描述你的设计理念。你将如何通过设计来体现"自然与科技"的结合？

（2）画出帽子的草图，并标注主要尺寸。

（3）选择适合的材质，并说明为什么选择这种材质。

（4）描述你将使用的颜色，并说明为什么选择这些颜色。

（5）添加一些细节设计，以体现"自然与科技"的主题。这些细节可以是图案、装饰或其他元素。

请在课下完成这个练习题，并准备好与同学分享和讨论你的设计。我们将组织一个设计展示活动，每个同学都有机会展示自己的作品，并接受大家的评价和建议。

思考拓展

思考如何设计一款体现"可持续发展"理念的鸭舌帽，将传统帽子的制作工艺与现代技术相结合，以减少生产过程中的浪费和碳排放。

考虑到可持续发展的多维度性，帽子的设计也可以与公益事业相结合，如捐赠部分销售收入给环保组织等。

学生需要深入思考如何在设计中融入新的思潮、理念和技术，以实现真正的可持续发展。希望学生们能够拓展设计思路，提高对可持续发展的认识和实践能力。

课程资源链接

课件

第四部分

设计数字化

第九章 服饰配件设计数字化理论

服饰配件设计数字化是当代时尚产业中的一项重要技术革新，它涵盖了从设计构思到成品制造的全过程，借助数字化工具实现了设计的高效、精准和创新。以下是对服饰配件设计数字化的详细阐述。

一、数字化设计工具

（1）CAD（计算机辅助设计）软件：CAD软件在服饰配件设计中应用广泛，设计师可以利用CAD软件绘制精确的配件图纸，如鞋履、箱包、首饰等。这些软件通常具备丰富的绘图工具、材料库和模板，使设计师能够快速创建和修改设计（图9-1）。

图9-1　CAD（计算机辅助设计）软件

（2）3D建模与渲染：通过3D建模技术，设计师可以在虚拟环境中创建逼真的服饰配件模型。这些模型可以随意调整材质、颜色和光照效果，使设计师能够更直观地预览设计效果。此外，3D渲染技术还可以生成高质量的图片和视频，用于产品展示和宣传（图9-2）。

（3）虚拟现实（VR）与增强现实（AR）：VR和AR技术为服饰配件设计提供了全新的展示方式。设计师可以利用VR设备在虚拟环境中试穿和搭配配件，以获得更真实的体验。而AR技术则可以将虚拟的配件叠加到真实场景中，帮助消费者在购买前预览搭配效果（图9-3）。

图9-2　3D建模与渲染

图9-3　3D虚拟现实（VR）与增强现实（AR）

二、数字化制造流程

（1）数字化打版与裁剪：借助数字化打版软件，设计师可以将设计图转化为可用于生产的纸样。这些纸样可以直接传输到数字化裁剪设备中，实现高效、精准的裁剪过程。

服装数字化链路

实物/虚拟面料　　面料数字化　　面料平台/供应商协同　　人台数字化

生产制造　　实际样衣生产确认　　业务协同平台　　2D版型-3D廓形库数字化

图9-4　服装数字化制造流程

（2）数控加工设备：数控加工设备如激光切割机、数控机床等，可以根据设计师提供的数字模型精确加工出服饰配件的各个部件。这些设备大大提高了生产效率和产品质量。

（3）3D打印技术：3D打印技术在服饰配件制造中的应用逐渐普及。设计师可以利用3D打印技术快速制作出原型或少量定制产品。此外，一些新型材料如柔性塑料、金属粉末等，也为3D打印服饰配件提供了更多可能性（图9-4）。

三、数字化供应链管理

（1）物料管理：数字化工具可以帮助企业实时跟踪物料库存和采购需求，确保生产过程中的物料供应及时稳定。

（2）生产计划与控制：借助数字化管理系统，企业可以实现生产计划的智能排程和调整。这有助于优化生产流程、降低库存成本和缩短交货周期。

（3）销售与市场分析：数字化工具可以帮助企业收集和分析销售数据、消费者行为等信息，为产品研发和市场策略提供有力支持（图9-5）。

综上所述，服饰配件设计数字化不仅提高了设计效率和质量，还为企业带来了更灵活的生产方式和更精准的市场洞察力。随着技术的不断发展和创新应用，相信未来服饰配件设计数字化将在时尚产业中发挥更加重要的作用。

四、期刊、色卡

（1）潘通（Panton）色卡：一个享誉世界的色彩发布和标准色卡，涵盖印刷、纺织、塑胶、绘图、数码科技等领域。它已经成为事实上的国际色彩标准语言。

图9-5　服装数字化供应链管理

（2）VOGUE：这是国际权威时尚媒体《VOGUE（时尚）服饰与美容》杂志的官网，提供海量高清秀场大图和最快最全的时尚资讯。它是世界上历史悠久广受尊崇的综合性时尚生活类杂志，被誉为"时尚圣经"。

五、相关网络课程资源链接

（1）GQ（全球质量）：这是GQ（全球质量）男士网的官网，提供海量高清男装秀场图，展现精致男士生活。它与VOGUE同是康泰纳仕出版的时尚杂志，内容关于时尚、风格、时事及男人事物。如果说VOGUE是女人必看的时尚圣经，那么GQ（全球质量）则当仁不让是男人必读的时尚杂志。

（2）WGSN（趋势分析）：这是服装流行趋势、零售业发展趋势、市场营销方案提供商的官网，提供全面时尚资讯收集、准确流行趋势预测，包括时尚设计、潮流分析、预测、报道、营销和服装生产等领域的第一手信息。

（3）BoF：这是The Business of Fashion（时尚商业）的官网，是权威的时尚商业资讯及行业情报分析网站。

（4）WWD（晴天工作日）：这是女性时尚圣经的官网，提供全面的时尚商业资讯，是极具权威的国际性时尚报刊，提供时尚、T台、配饰、时尚市场、商业、零售工业、女性时尚、绅士社区等时尚商业资讯。

（5）StreetPeeper（街拍）：这是全球著名的街拍网站，搜罗全球各地街拍，感受各色时尚风格。

（6）海报网：这是海报时尚网的官网，是中国本土领先的时尚类网站。它集聚时尚张力，汇集第一线的潮流资讯。

（7）Nowfashion（现在流行）：提供了很多国际时装秀的360°视频。

（8）Impression（印象）：一个快速查看街拍和时尚资讯的网站。

（9）FLIGHTCLUB（飞行俱乐部）：这是最大最专业的SNEAKER（运动鞋）资讯和信息交流社区，有最新的潮流新闻、球鞋发售信息，也有SNEAKER（运动鞋）爱好者的交流。

（10）趣流网：这是全面的运动潮流资讯网站，每日提供最新的球鞋发售和时尚潮流新闻，信息覆盖耐克、阿迪达斯、JORDAN（乔丹）等众多品牌，还有专业的装备百科和装备评测频道，让爱好运动、潮流、时尚文化的Sneaker（运动鞋）了解到更多的时尚单品。

（11）666鞋：这是最新潮鞋资讯相册，专注潮鞋资讯，更新的信息比较靠前。

本章总结

服饰配件设计数字化是当代时尚产业中重要的技术革新，涵盖了从设计构思到成品制造的全过程。借助数字化工具，设计师能够实现高效、精准和创新的设计。

（1）在数字化设计工具方面，CAD（计算机辅助设计）软件是设计师进行服饰配件设计的常用工具。

（2）3D建模与渲染技术也为设计师提供了更直观的预览效果。

（3）在数字化制造流程方面，数字化打版与裁剪技术将设计图转化为可用于生产的纸样。

（4）3D打印技术在服饰配件制造中逐渐普及，为设计师快速制作原型或少量定制产品提供了可能。

服饰配件设计数字化在提高设计效率和质量的同时，也为企业带来了更灵活的生产方式和更精准的市场洞察力。随着技术的不断发展和创新应用，相信未来服饰配件设计数字化将在时尚产业中发挥更加重要的作用。

教学重点

（1）掌握数字化设计工具：包括CAD软件、3D建模与渲染、虚拟现实（VR）与增强现实（AR）等在服饰配件设计中的应用。

（2）理解数字化制造流程：包括数字化打版与裁剪、数控加工设备以及3D打印技术在服饰配件制造中的优势和限制。

（3）了解数字化供应链管理：包括如何利用数字化工具进行物料管理、生产计划与控制以及销售与市场分析。

教学难点

（1）如何结合实际项目，灵活运用各种数字化工具进行服饰配件设计。

（2）理解数字化制造流程中的技术细节，如3D打印的工艺参数、材料选择等。

（3）如何利用数字化工具进行有效的市场分析和预测，制定合理的产品策略。

课后作业

实践项目：数字化服饰配件设计

要求

（1）选择一个服饰配件作为设计对象，如鞋履、箱包、首饰等。

（2）使用CAD软件进行设计，绘制出精确的图纸。

（3）利用3D建模软件创建服饰配件的3D模型，并调整材质、颜色和光照效果。

（4）使用VR/AR技术进行虚拟试穿，观察设计效果，并进行必要的调整。

（5）撰写一份报告，总结实践项目的过程和心得，以及对数字化技术在服饰配件设计中未来发展的思考。

提示

（1）在设计过程中，关注可持续性、人性化、可穿戴技术与时尚的结合等方面的要求。

（2）结合新思潮、新理念、新技术，思考如何将社交媒体影响力、体验经济思维、人性化设计等元素融入设计中。

（3）尝试使用人工智能和机器学习技术进行趋势预测和个性化推荐，以更好地满足消费者需求。

（4）探索5G和物联网技术在服饰配件设计中的应用，思考如何实现产品间的互联互通和智能化的穿戴体验。

希望此作业可以帮助学生们巩固课堂所学知识，提高实际操作能力，并为未来的时尚产业工作做好准备。

思考拓展

随着数字化技术的不断发展和创新，服饰配件设计也在不断演变。在未来时尚产业中，你认为数字化技术将如何进一步影响服饰配件设计？请结合新思潮、新理念、新技术，探讨数字化技术在服饰配件设计中可能的发展趋势和挑战。

课程资源链接

课件

参考文献

[1]　沈从文. 中国古代服饰研究 [M]. 上海：上海世纪出版集团，2005.

[2]　许星. 服饰配件艺术 [M]. 北京：中国纺织出版社，2005.

[3]　曾昭珑. 包袋设计中的人性化表现 [J]. 广西轻工业，2009（04）：140-141.

[4]　李平. 面料再造的艺术表现力 [J]. 服装设计师，2009，000（10）：P. 116-119

[5]　马慧颖，肖圣颖. 浅议环保主义影响下的服装设计 [J]. 才智，2009（06）：1.

[6]　李苏君，彭景荣. 三宅一生与解构主义服装 [J]. 美与时代，2010（01）：105-107.

[7]　余建春. 服装市场调查与预测 [M]. 北京：中国纺织出版社，2002.

[8]　肖文陵，李迎军. 服装设计 [M]. 北京：清华大学出版社，2006.

[9]　许星. 服饰配件艺术 [M]. 北京：中国纺织出版社，2005.

[10]　李霞云. 服装造型设计 [M]. 上海：上海纺织工业专科学校，2008.

[11]　肖文陵. 李迎军. 北京：服装设计 [M]. 北京：清华大学出版社，2006.

[12]　谢锋. 时尚之旅（第二版）[M]. 北京：中国纺织出版社，2007.

[13]　李采姣. 时尚服装设计 [M]. 北京：中国纺织出版社，2007.

[14]　多丽丝·普瑟，张玲穿出影响力 [M]. 北京：中国纺织出版社，2006.

[15]　袁利. 打破思维的界限 [M]. 北京：中国纺织出版社，2005.